国家基本职业培训包（指南包 课程包）

中式面点师

（试行）

人力资源社会保障部职业能力建设司编制

中国劳动社会保障出版社

图书在版编目（CIP）数据

中式面点师：试行/人力资源社会保障部职业能力建设司编制. --北京：中国劳动社会保障出版社，2020

国家基本职业培训包：指南包　课程包

ISBN 978 – 7 – 5167 – 4442 – 0

Ⅰ.①中…　Ⅱ.①人…　Ⅲ.①面食-制作-中国-职业培训-教学参考资料　Ⅳ.①TS972.116

中国版本图书馆 CIP 数据核字（2020）第 060548 号

中国劳动社会保障出版社出版发行

（北京市惠新东街 1 号　邮政编码：100029）

*

北京市艺辉印刷有限公司印刷装订　新华书店经销

880 毫米 × 1230 毫米　16 开本　9.25 印张　163 千字

2020 年 5 月第 1 版　2020 年 5 月第 1 次印刷

定价：28.00 元

读者服务部电话：（010）64929211/84209101/64921644

营销中心电话：（010）64962347

出版社网址：http://www.class.com.cn

编 制 说 明

为贯彻落实《中华人民共和国国民经济和社会发展第十三个五年规划纲要》提出的“实行国家基本职业培训包制度”的要求，大力推行终身职业技能培训制度，推进实施职业技能提升行动，按照《人力资源社会保障部办公厅关于推进职业培训包工作的通知》（人社厅发〔2016〕162号）的工作安排，“十三五”期间，组织开发培训需求量大的100个左右国家基本职业培训包，指导开发100个左右地方（行业）特色职业培训包，到“十三五”末，力争全面建立国家基本职业培训包制度，普遍应用职业培训包开展各类职业培训。

职业培训包开发工作是新时期职业培训领域的一项重要基础性工作，旨在形成以综合职业能力培养为核心、以技能水平评价为导向，实现职业培训全过程管理的职业技能培训体系，这对于进一步提高培训质量，加强职业培训规范化、科学化管理，促进职业培训与就业需求的有效衔接，推行终身职业培训制度具有积极的作用。

国家基本职业培训包是集培养目标、培训要求、培训内容、课程规范、考核大纲、教学资源等为一体的职业培训资源总和，是职业培训机构对劳动者开展政府补贴职业培训服务的工作规范和指南。国家基本职业培训包由指南包、课程包和资源包三个子包构成，三个子包各含有相应培训内容与教学资源。

在征求各地培训需求的基础上，经调研论证，人力资源社会保障部组织有关行业专家编制了首批中式烹调师等10个职业（工种）的国家基本职业培训包（指南包 课程包），并于2017年10月印发施行。

在首批中式烹调师等10个职业（工种）国家基本职业培训包编制的基础上，2018年11月，人力资源社会保障部继续组织有关行业专家开展第二批电工等15个职业（工种）的国家基本职业培训包（指南包 课程包）的编制工作。

此次编制的电工等15个职业（工种）的国家基本职业培训包遵循《职业培训包开发技术规程（试行）》的要求，依据国家职业技能标准和企业岗位技术规范，结合新经济、新产业、新职业发展编制，力求客观反映现阶段本职业（工种）的技术水平、对从业人员的要求和职业培训教学规律。

《国家基本职业培训包（指南包 课程包）——中式面点师（试行）》是在各有关专家的共同努力下完成的。参加编写的主要人员有许荣华、陈迤、张淼、杨小萍、修宇、冯明会、孙果、乔支红、姜慧、郭晓赓、陈涵，参加审定的主要人员有王美、张虎、王晓宁、杨宁等，在编制过程中得到了北京联合大学旅游学院、四川旅游学院、济南大学烹饪学院、宁夏工商职业技术学院、北京工贸技师学院、北京博才职业技能培训学校、北京唐人美食学校、北京德艺馨职业技术培训学校等有关单位的大力支持，在此一并致谢。

国家基本职业培训包编审委员会

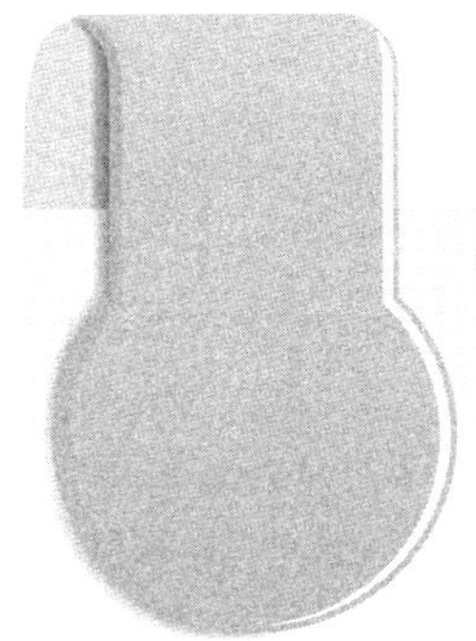

目录

1 指南包

2 课程包

1

指南包

1.1 职业培训包使用指南

1.1.1 职业培训包结构与内容

中式面点师职业培训包由指南包、课程包和资源包三个子包构成，结构如下图所示。

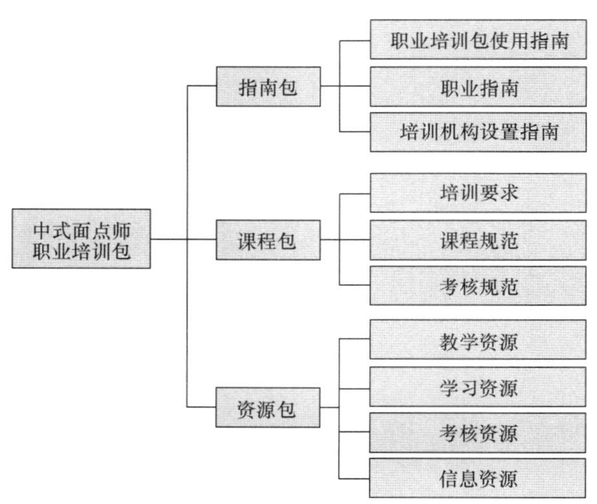

职业培训包结构图

指南包是指导培训机构、培训教师与学员开展职业培训的服务性内容总合，包括职业培训包使用指南、职业指南和培训机构设置指南。职业培训包使用指南是培训学员了解本职业培训包内容，选择培训课程和使用培训资源的说明性文本，职业指南是对职业信息的概述，培训机构设置指南是对培训机构提出的具体要求。

课程包是培训机构与教师实施职业培训，培训学员接受职业培训必须遵守的规范总合，包括培训要求、课程规范和考核规范。培训要求是参照国家职业技能标准，结合职业岗位工作实际需求制定的职业培训规范。课程规范是依据培训要求，结合职业培训教学规律，对课程设置、课堂学时、课程内容与培训方法等所做的统一规定。考核规范是针对课程规范中所规定的课程内容开发的，能够科学评价培训学员过程性学习效果与终结性培训成果的规则，是客观衡量培训学员职业基本素质与职业技能水平的标准，也是实施职业培训过程性与终结性考核的依据。

资源包是依据课程包要求，基于培训学员特征，遵循职业培训教学规律，应用先进职业培训课程理念，开发的多媒介、多形式的职业培训与考核资源总合，包括教学资源、学习资源、考核资源和信息资源。教学资源是为培训教师组织实施职业培训教学活动提供的相关资源，学习资源是为培训学员学习职业培训课程提供的相关资源，考核资源是为培训机构和教师实施职业培训考核提供的相关资源；信息资源是为培训教师和学员拓宽视野提供的体现科技进步、职业发展的相关动态资源。

1.1.2 培训课程体系介绍

中式面点师职业培训课程体系依据职业技能等级分为职业基本素质培训课程、五级 / 初级职业技能培训课程、四级 / 中级职业技能培训课程、三级 / 高级职业技能培训课程、二级 / 技师职业技能培训课程和一级 / 高级技师职业技能培训课程，每一类课程包含模块、课程和学习单元三个层级。中式面点师职业培训课程体系均源自本职业培训包课程包中的课程规范，以学习单元为基础，形成职业层次清晰、内容丰富的“培训课程超市”。

中式面点师职业培训课程学时分配一览表

职业技能等级	课堂学时		其他学时	培训总学时
	职业基本素质培训课程	职业技能培训课程		
五级 / 初级	28	92	240	360
四级 / 中级	28	92	240	360
三级 / 高级	18	102	240	360
二级 / 技师	0	92	200	292
一级 / 高级技师	0	60	200	260

注：课堂学时是指培训机构开展的理论课程教学及实操课程教学的建议最低学时数，其中职业基本素质培训课程为理论知识培训课程，职业技能培训课程包含理论知识和操作技能培训课程。除课堂学时外，培训总学时还应包括岗位实习、现场观摩、自学自练等其他学时。

（1）职业基本素质培训课程

模块	课程	学习单元	课堂学时
1. 职业认知与职业守则	1–1 职业认知	职业认知与职业守则	1
	1–2 职业守则		
2. 饮食营养知识	2–1 人体需要的热能和营养素	能量与人体必需的营养素	4
	2–2 各类烹饪原料的营养特点	各类烹饪原料的营养	1
	2–3 营养素在烹饪中的变化	各类营养素在烹饪中的变化	1
	2–4 平衡膳食与科学配餐	平衡膳食与科学配餐	1
	2–5 中国居民膳食指南的应用	中国居民膳食指南和膳食宝塔的应用	1

续表

模块	课程	学习单元	课堂学时
3. 食品安全知识	3-1 食品污染及其控制、预防措施	食品污染途径及其防控	2
	3-2 食品的腐败变质及其控制、预防措施	食品腐败变质及其预防	1
	3-3 食物中毒及其控制、预防措施	食物中毒及其预防	2
	3-4 烹饪原料的安全	烹饪原料安全	1
	3-5 烹饪过程的安全	面点食品制作过程中的安全控制	1
	3-6 烹饪成品的安全	烹饪成品的保存	1
4. 餐饮业成本核算知识	4-1 餐饮业的成本概念	餐饮成本的概念及其核算方法	2
	4-2 出材率的基本知识	出材率基本知识	1
	4-3 净料成本的计算	计算净料成本	1
	4-4 成品成本的计算	计算成品成本	2
5. 安全生产知识	5-1 厨房设备安全操作知识	面点厨房常用设备的安全操作及维护	1
	5-2 用电、用气安全知识	安全用电、用气	1
	5-3 防火防爆安全知识	防火与防爆安全知识	1
	5-4 机械设备与手动工具的安全使用知识	机械设备及手动工具的安全使用	1
6. 相关法律、法规知识	6-1 《中华人民共和国劳动法》相关知识	食品安全相关法律、法规	1
	6-2 《中华人民共和国食品安全法》相关知识		
	6-3 《食品生产许可管理办法》相关知识		
	6-4 《中华人民共和国环境保护法》相关知识		
	6-5 《餐饮服务食品安全操作规范》相关知识		
课堂学时合计			28

（2）五级 / 初级职业技能培训课程

模块	课程	学习单元	课堂学时
1. 水调面品种制作	1–1　面坯调制	（1）正确选择面粉与使用设备工具	2
		（2）调制冷水面坯	2
		（3）调制温水面坯	2
	1–2　生坯成型	（1）生坯成型基本方法	8
		（2）制作面点生坯	16
	1–3　产品成熟	（1）煮制无馅类水调面坯制品	4
		（2）烙制无馅类水调面坯制品	4
		（3）炸制无馅类水调面坯制品	4
2. 膨松面品种制作	2–1　面坯调制	（1）正确使用设备工具	1
		（2）调制生物膨松面坯	3
	2–2　生坯成型	（1）模具成型	2
		（2）手工成型	16
	2–3　产品成熟	（1）蒸制无馅类生物膨松制品	4
		（2）烤制无馅类生物膨松制品	4
3. 米制品制作	3–1　米水配制	（1）制作米饭类制品	4
	3–2　饭粥熟制	（2）制作米粥类制品	4
4. 杂粮品种制作	4–1　面坯调制	（1）制作玉米面类制品	4
	4–2　生坯成型	（2）制作小米面类制品	4
	4–3　产品成熟	（3）制作小米饭、小米粥类制品	4
课堂学时合计			92

（3）四级 / 中级职业技能培训课程

模块	课程	学习单元	课堂学时
1. 馅心制作	1–1　原料选择	（1）馅心概论	1
		（2）选择甜馅原料	2
		（3）选择咸馅原料	2
		（4）选择制馅调味料	2
	1–2　原料加工	（1）原料加工设备与刀具	1
		（2）生馅原料加工基本方法	2
	1–3　口味调制	（1）调制生咸馅	2
		（2）制作生甜馅	2

续表

模块	课程	学习单元	课堂学时
2. 水调面品种制作	2-1　面坯调制	（1）水调面坯基础知识	1
		（2）调制热水面坯	2
	2-2　生坯成型	（1）生坯成型基本方法	5
		（2）馅心对生坯成型的影响	2
	2-3　产品成熟	（1）煮制有馅类水调面坯制品	1
		（2）烙制有馅类水调面坯制品	2
		（3）炸制有馅类水调面坯制品	2
		（4）煎制有馅类水调面坯制品	2
3. 膨松面品种制作	3-1　面坯调制	（1）选择辅助原料	2
		（2）选择膨松剂	1
		（3）调制化学膨松面坯	2
	3-2　生坯成型	（1）化学膨松制品生坯成型	2
		（2）有馅类生物膨松制品生坯成型	2
	3-3　产品成熟	（1）蒸制化学膨松制品	3
		（2）烤制化学膨松制品	4
		（3）炸制化学膨松制品	2
		（4）煎制化学膨松制品	2
4. 层酥面品种制作	4-1　面坯调制	（1）调制水油皮层酥类面坯	6
		（2）调制酵面层酥类面坯	4
	4-2　生坯成型	（1）水油皮大包酥制作层酥暗酥	2
		（2）酵面层酥大包酥制作暗酥	2
		（3）层酥面生坯的暗酥成型	4
	4-3　产品成熟	（1）烤制暗酥类制品	3
		（2）烙制暗酥类制品	3
5. 米制品制作	5-1　面坯调制	（1）米粉面坯常识	1
	5-2　生坯成型	（2）制作生粉团类制品	3
		（3）制作熟粉团类制品	3
	5-3　产品成熟		
6. 杂粮品种制作	6-1　面坯调制	（1）制作莜麦类制品	3
	6-2　生坯成型	（2）制作荞麦类制品	4
	6-3　产品成熟	（3）制作蔬果类制品	3
课堂学时合计			92

续表

模块	课程	学习单元	课堂学时
5. 培训与指导	5–1　培训	（1）制订培训计划	2
		（2）模拟培训	2
		（3）撰写专业论文	2
	5–2　指导	工作指导	6
课堂学时合计			92

（6）一级 / 高级技师职业技能培训课程

模块	课程	学习单元	课堂学时
1. 菜点生产	1–1　面点创新	面点创新	16
	1–2　热菜制作	热菜制作	8
2. 展台设计	2–1　主题设计	（1）设计面点作品	6
		（2）设计面点品种	6
	2–2　展台布置	（1）制作装饰物	6
		（2）装饰展台	6
3. 厨房管理	3–1　厨房布局设计	厨房布局设计	4
	3–2　人员组织	（1）厨房各岗位人员配备	2
		（2）制定厨房各岗位职责及管理方法	2
	3–3　产品质量管理	产品质量管理	4
课堂学时合计			60

1.1.3　培训课程选择指导

职业基本素质培训课程为必修课程，相当于本职业的入门课程。各级别职业技能培训课程由培训机构教师根据培训学员实际情况，遵循高级别涵盖低级别的原则进行选择。

原则上，初入职的培训学员应学习职业基本素质培训课程和五级 / 初级职业技能培训课程的全部内容，有职业技能等级提升需求的培训学员，可按照国家职业技能标准的“鉴定要求”，对照自身需求选择更高等级的培训课程。

具有一定从业经验、无职业技能等级提升需求的培训学员，可根据自身实际情况自主选择本职业培训课程体系。具体方法为：①选择课程模块；②在模块中筛选课程；③在课程中筛选学习单元；④组合成本次培训的整个课程。

培训教师可以根据以上方法对培训学员进行单独指导。对于订单培训，培训教师可以按照如上方法，对照订单要求进行培训课程的选择。

1.2 职业指南

1.2.1 职业描述

中式面点师是运用中式面点成型技术和成熟方法，进行面点主料和辅料加工，制作中式面食、小吃的人员。

1.2.2 职业技能培训对象

参加中式面点师职业技能培训的人群主要包括：城乡未继续升学的应届初高中毕业生、农村转移就业劳动者、城镇登记失业人员、转岗转业人员、退役军人、企业在职职工和高校毕业生等各类有培训需求的人员。

1.2.3 就业前景

中式面点师的工作岗位为中餐厨房面点制作。

近年来，我国餐饮行业发展较快，餐饮收入一直保持快速增长。2018 年中国餐饮市场规模已达 4.2 万亿，首次突破“四万亿”规模。据《2018 餐饮行业招聘总结报告》显示，2018 年整体求职者意愿分布行业排行榜，餐饮业职位求职意愿位居第二，仅次于普工 / 技工。这意味着，餐饮企业对于职位需求量持续高涨，同时，餐饮市场用工呈现流动性较大，餐饮企业的多样化推动技能劳动者与市场需求匹配度高度融合等特点，使餐饮企业用工需求持续保持较高的活跃度。其中厨师需求量占第二位，中式面点师缺口较大，中式面点师在五年内工资水平有了较大幅度增长。当前，餐饮行业经营中企业近千万家，能够提供大量的就业机会，就业前景广阔。

1.3 培训机构设置指南

1.3.1 师资配备要求

（1）培训教师任职基本条件

1）培训五级 / 初级、四级 / 中级中式面点师的教师应具有本职业二级 / 技师职业资格证书（技能等级证书）或相关专业中级及以上专业技术职务任职资格，有 3 年以上本行业工作经历，熟悉相关法律、法规。

2）培训三级 / 高级中式面点师的教师应具有本职业二级 / 技师职业资格证书（技能等级证书）或相关专业中级及以上专业技术职务任职资格，有 5 年以上本行业工作经历，熟悉相关法律、法规。

3）培训中式面点师二级 / 技师的教师应具有本职业一级 / 高级技师职业资格证书（技能等级证书）或相关专业高级及以上专业技术职务任职资格，有 8 年以上本行业工作经历，熟悉相关法律、法规，对行业发展前景有一定研究。

4）培训中式面点师一级 / 高级技师的教师应具有本职业一级 / 高级技师职业资格证书（技能等级证书）2 年以上或相关专业高级及以上专业技术职务任职资格，有 10 年以上本行业工作经历，熟悉相关法律、法规，对行业发展前景有一定研究。外聘教师应有三年及以上聘任合同。

（2）培训教师数量要求（以 30 人培训班为基准）

1）五级 / 初级、四级 / 中级、三级 / 高级中式面点师培训班教师数量要求：每班配备专兼职教师 2 ~ 4 人。其中专业理论教师不少于 1 人，实习指导教师不少于 1 人。培训规模超过 30 人的，按教师与学员之比不少于 1 ∶ 30 分别配备专业理论教师和实习指导教师。

2）中式面点师二级 / 技师、一级 / 高级技师培训班教师数量要求：每班配备专兼职教师 3 ~ 4 人。其中专业理论教师不少于 1 人，实习指导教师不少于 2 人。培训规模超过 30 人的，按教师与学员之比不少于 1 ∶ 30 配备专业理论教师，不少于 1 ∶ 15 配备实习指导教师。

1.3.2 培训场所设备配置要求

培训场所设备配置要求如下（以 30 人培训班为基准）：

（1）理论知识培训场所设备配置要求：60 平方米以上标准教室，多媒体教学设备（计算机、投影仪、幕布或显示屏、网络接入设备、音响设备），黑（白）板，30 套以上桌椅，符合照明、通风、安全等相关规定。

（2）操作技能培训场所设备配置要求：实习工位充足，设备设施配套齐全，符合环保、劳保、安全、卫生、消防、通风和照明等相关规定。

其中，中式面点师（五级 / 初级、四级 / 中级、三级 / 高级）培训场所应具备教师演示和学员练习两个功能，包括仓储区、馅料加工区、和面区、成型区和成熟区等功能区，中式面点师（二级 / 技师、一级 / 高级技师）培训场所可增加作品展示功能区。

实训设备、用具及其他物品、材料等配置要求如下：

序号	设备、用具及其他物品、材料	数量或规格说明	等级				
			五级 / 初级	四级 / 中级	三级 / 高级	二级 / 技师	一级 / 高级技师
1	操作台（工作桌）	工位数 15 个以上材质为木质或大理石	√	√	√	√	√
2	水池（配水龙头）	2 ~ 3 个	√	√	√	√	√
3	小型多功能搅拌机	与工位数一致	√	√	√	√	√
4	小型压面机	2 台以上	√	√	√	√	√
5	电烤箱（含烤盘及烤盘架）	2 台以上	√	√	√	√	√
6	醒发箱	1 台	√	√	√	√	√
7	蒸箱	1 台	√	√	√	√	√
8	微波炉	2 台	√	√	√		
9	电饼铛（配平铲）	4 台	√	√	√	√	√
10	双眼或单眼炉灶	炉眼 2 个以上	√	√	√	√	√
11	煲仔炉	6 台每台 4 眼	√	√	√	√	√
12	不沾平底煎锅（带盖）	与煲仔炉灶眼数一致		√	√	√	√
13	双门双温柜式电冰箱（配保鲜膜）	1 台	√	√	√	√	√
14	电开水箱	1 个	√	√	√	√	√
15	展示台	15 个以上				√	√
16	三层货架（原料摆放）	1 个	√	√	√	√	√
17	不锈钢大桶（食用油盛放）	1 个	√	√	√	√	√

续表

序号	设备、用具及其他物品、材料	数量或规格说明	等级				
			五级 / 初级	四级 / 中级	三级 / 高级	二级 / 技师	一级 / 高级技师
18	大型塑料箱（调、辅料盛放）	4 个	√	√	√	√	√
19	不锈钢汤桶	3 个	√	√	√	√	√
20	制冰机	1 台			√	√	√
21	盘碗盛放柜	1 个	√	√	√	√	√
22	菜板（塑料或木质）	与工位数一致	√	√	√	√	√
23	蒸笼（与锅具尺寸匹配）	与工位数一致	√	√	√	√	√
24	电炸锅（配手勺、漏勺、炸筷）	4 台	√	√	√	√	√
25	炒锅（配手勺）	与工位数一致	√	√	√	√	√
26	电子秤	与工位数一致	√	√	√	√	√
27	不锈钢发料盘	与工位数一致	√	√	√	√	√
28	不锈钢盆	与工位数一致	√	√	√	√	√
29	擀面杖（长 30cm）	与工位数一致	√	√	√	√	√
30	走槌	与工位数一致			√	√	√
31	馅尺	与工位数一致		√	√	√	√
32	不锈钢刮板	与工位数一致	√	√	√	√	√
33	面粉筛	与工位数一致	√	√	√	√	√
34	油刷	与工位数一致	√	√	√	√	√
35	蛋刷	与工位数一致	√	√	√	√	√
36	剪刀	1 把	√	√	√	√	√
37	竹筷	与工位数一致	√	√	√	√	√
38	削皮刀	与工位数一致	√	√	√	√	√
39	废料盆	与工位数一致	√	√	√	√	√
40	刀具盒	1 个	√	√	√	√	√
41	调味器皿（每组不少于 6 个）	2 组以上	√	√	√	√	√
42	器皿（碗、盘等）	与培训面点种类及数量一致	√	√	√	√	√
43	小型打蛋机	1 台	√	√	√	√	√

续表

序号	设备、用具及其他物品、材料	数量或规格说明	等级				
			五级 / 初级	四级 / 中级	三级 / 高级	二级 / 技师	一级 / 高级技师
44	硅胶笼垫（与蒸笼尺寸吻合）	与蒸笼数一致	√	√	√	√	√
45	大夹子（夹制品）	与工位数一致	√	√	√	√	√
46	调味勺	与调味缸数一致	√	√	√	√	√
47	各种印模、卡模、胎模	与工位数一致	√	√	√	√	√
48	大漏勺	与灶眼数一致	√	√	√	√	√
49	细网漏勺	与灶眼数一致	√	√	√	√	√
50	计算机及配餐软件	15 台以上				√	
51	小喷壶	5 个				√	√
52	小毛刷	5 个				√	√
53	真空泵、喷笔	2 套				√	√
54	翻糖塑型笔	15 套				√	√
55	花镊子	5 个				√	√
56	小号毛笔	5 个				√	√
57	铁丝	若干				√	√
58	花心（各种花卉）	若干				√	√
59	翻糖塑型模具（各种花卉）	若干				√	√
60	翻糖不粘垫	15 个				√	√
61	蛋糕转台	15 个				√	√
62	（翻糖）抹平器	30 个				√	√
63	（翻糖）擀面杖	15 个				√	√
64	巧克力熔炉	10 台				√	√
65	巧克力模具	若干				√	√
66	巧克力叉	15 套				√	√
67	手勺	15 个				√	√
68	红外温枪	2 个				√	√
69	巧克力铲	15 个				√	√
70	转印纸	若干				√	√
71	锯齿状刮板	15 个				√	√
72	电磁炉	15 个				√	√

续表

序号	设备、用具及其他物品、材料	数量或规格说明	等级				
			五级/初级	四级/中级	三级/高级	二级/技师	一级/高级技师
73	温度计（可测量100℃以上）	15个				√	√
74	糖艺不粘垫	15个				√	√
75	糖艺温灯	15个				√	√
76	拖把	5把	√	√	√	√	√
77	扫把	5把	√	√	√	√	√
78	簸箕	5把	√	√	√	√	√
79	抹布	30块	√	√	√	√	√
80	清洁剂	10瓶	√	√	√	√	√
81	台签	若干	√	√	√	√	√
82	文件夹	若干	√	√	√	√	√
83	打印机、电脑	各一台	√	√	√	√	√
84	笔、纸	若干	√	√	√	√	√
85	计时器	与工位数一致	√	√	√	√	√

1.3.3 教学资料配备要求

（1）培训规范:《中式面点师国家职业技能标准》《中式面点师职业基本素质培训要求》《中式面点师职业技能培训要求》《中式面点师职业基本素质培训课程规范》《中式面点师职业技能培训课程规范》《中式面点师职业基本素质培训考核规范》《中式面点师职业技能培训理论知识考核规范》《中式面点师职业技能培训操作技能考核规范》。

（2）教学资源、教材教辅、网络资源等内容必须符合“（1）培训规范”。

1.3.4 管理人员配备要求

（1）专职校长: 1人，应具备大专及以上文化程度，中级及以上专业技术职务任职资格，从事职业技术教育及教学管理5年以上，熟悉职业培训的有关法律、法规。

（2）教学管理人员: 1人以上，专职不少于1人；应具有大专及以上文化程度，中级及以上专业技术职务任职资格，从事职业技术教育及教学管理5年以上，具有丰富的教学管理经验。

（3）办公室人员：1 人以上，应具有大专及以上文化程度。

（4）财务管理人员：2 人，应具有大专及以上文化程度。

1.3.5 管理制度要求

应建立完备的管理制度，包括办学单程与发展规划、教学管理、教师管理、学员管理、财务管理、培训场所与设备管理制度。

2

课程包

2.1 培训要求

2.1.1 职业基本素质培训要求

职业基本素质模块	培训内容	培训细目
1. 职业认知与职业守则	1-1 职业认知	（1）中式面点师职业定义 （2）中式面点师工作内容 （3）中式面点师职业发展现状
	1-2 职业守则	职业守则的基本内容
2. 饮食营养知识	2-1 人体需要的热能和营养素	（1）人体能量需要、摄入量及食物来源 （2）宏量营养素的功能、摄入量及食物来源 （3）微量营养素的功能、摄入量及食物来源 （4）水和膳食纤维的功能、摄入量及食物来源
	2-2 各类烹饪原料的营养特点	（1）植物性原料的营养特点 （2）动物性原料的营养特点
	2-3 营养素在烹饪中的变化	（1）蛋白质在烹饪中的变化 （2）脂肪在烹饪中的变化 （3）碳水化合物在烹饪中的变化 （4）维生素在烹饪中的变化 （5）矿物质和水在烹饪中的变化
	2-4 平衡膳食与科学配餐	（1）平衡膳食的要求 （2）科学配餐的原则和技巧
	2-5 中国居民膳食指南的应用	（1）中国居民膳食指南 （2）中国居民平衡膳食宝塔 （3）应用膳食指南和膳食宝塔指导日常膳食
3. 食品安全知识	3-1 食品污染及其控制、预防措施	（1）食品污染的概念 （2）食品污染的分类 （3）食品污染的途径 （4）食品污染的防控措施
	3-2 食品的腐败变质及其控制、预防措施	（1）食品腐败变质的概念 （2）食品腐败变质的现象及危害 （3）食品腐败变质的原因 （4）预防食品腐败变质的措施

续表

职业基本素质模块	培训内容	培训细目
3. 食品安全知识	3-3　食物中毒及其控制、预防措施	（1）食物中毒的概念、特点及类型 （2）细菌性食物中毒的安全控制 （3）霉菌性食物中毒的安全控制 （4）化学性食物中毒的安全控制 （5）有毒动植物食物中毒的安全控制 （6）食物中毒的应对措施
	3-4　烹饪原料的安全	（1）粮豆食品的安全控制 （2）食用油脂的安全控制 （3）乳品的安全控制 （4）肉类食品的安全控制 （5）蛋品的安全控制
	3-5　烹饪过程的安全	（1）厨师卫生素养 （2）厨具卫生要求 （3）面团制作过程的安全控制 （4）馅料制作过程的安全控制 （5）面点成型加工过程中的安全控制 （6）面点成熟过程中的安全控制
	3-6　烹饪成品的安全	（1）烹饪成品保存条件 （2）烹饪成品保存期限
4. 餐饮业成本核算知识	4-1　餐饮业的成本概念	（1）成本与餐饮成本 （2）餐饮成本核算
	4-2　出材率的基本知识	（1）出材率的概念、计算方法及应用 （2）损耗率的概念和计算方法 （3）出材率与损耗率的关系
	4-3　净料成本的计算	（1）生料、净料的概念 （2）计算生料、净料单位成本 （3）计算生料、净料成本
	4-4　成品成本的计算	（1）计算单位成品的成本 （2）计算菜点总成本
5. 安全生产知识	5-1　厨房设备安全操作知识	（1）面点厨房常用加热设备安全操作方法及维护 （2）面点厨房常用电气设备安全操作方法及维护
	5-2　用电、用气安全知识	（1）安全用电知识 （2）安全用气知识
	5-3　防火防爆安全知识	（1）防火安全知识 （2）防爆安全知识
	5-4　机械设备与手动工具的安全使用知识	（1）面点厨房机械设备的安全使用知识 （2）面点厨房手动工具的安全使用知识

续表

职业基本素质模块	培训内容	培训细目
6. 相关法律、法规知识	6-1 《中华人民共和国劳动法》相关知识	（1）《中华人民共和国劳动法》概述 （2）劳动合同、工资、工作时间和休假等重要内容解释
	6-2 《中华人民共和国食品安全法》相关知识	（1）《中华人民共和国食品安全法》概述 （2）食品安全标准和食品生产经营 （3）监督管理和法律责任
	6-3 《食品生产许可管理办法》相关知识	（1）《食品生产许可管理办法》概述 （2）申请流程、许可证管理、法律责任等重要内容解释
	6-4 《中华人民共和国环境保护法》相关知识	《中华人民共和国环境保护法》概述及重要内容解释
	6-5 《餐饮服务食品安全操作规范》相关知识	《餐饮服务食品安全操作规范》概述及重要内容解释

2.1.2 五级 / 初级职业技能培训要求

职业功能模块	培训内容	技能目标	培训细目
1. 水调面品种制作	1-1 面坯调制	1-1-1 能对冷水面坯配料	（1）正确选择面粉 （2）正确使用和面机 （3）正确使用轧面机 （4）正确使用秤 （5）正确使用擀面杖 （6）正确使用量杯 （7）冷水面坯配料
		1-1-2 能调制冷水面坯	调制冷水面坯
		1-1-3 能对温水面坯配料	温水面坯配料
		1-1-4 能调制温水面坯	调制温水面坯
	1-2 生坯成型	1-2-1 能制作饺子皮	（1）揉面 （2）搓条 （3）下剂 （4）制饺子皮
		1-2-2 能制作馄饨皮	（1）揉面 （2）搓条 （3）下剂 （4）擀馄饨皮

续表

职业功能模块	培训内容	技能目标	培训细目
1. 水调面品种制作	1-2　生坯成型	1-2-3　制作烧麦皮	（1）揉面 （2）搓条 （3）下剂 （4）擀制烧麦皮
		1-2-4　制作面条	（1）揉面 （2）搓条 （3）下剂 （4）擀制面条
	1-3　产品成熟	1-3-1　能用煮制法成熟无馅类水调面坯制品	（1）正确使用炉灶和煮制工具 （2）煮制无馅类水调面坯制品
		1-3-2　能用烙制法成熟无馅类水调面坯制品	（1）正确使用铛和烙制工具 （2）烙制无馅类水调面坯制品
		1-3-3　能用炸制法成熟无馅类水调面坯制品	（1）正确使用炸锅和炸制工具 （2）炸制无馅类水调面坯制品
2. 膨松面品种制作	2-1　面坯调制	2-1-1　能对生物膨松面坯进行配料	（1）正确使用搅拌设备 （2）正确使用发酵设备 （3）正确使用案上清洁工具 （4）生物膨松面坯配料
		2-1-2　能调制生物膨松面坯	（1）用酵母发酵法调制生物膨松面坯 （2）用老酵母发酵法调制生物膨松面坯
	2-2　生坯成型	2-2-1　能用模具成型无馅类生物膨松制品生坯	（1）正确使用成型模具 （2）生成型无馅类生物膨松制品生坯 （3）熟成型无馅类生物膨松制品生坯
		2-2-2　能手工成型无馅类生物膨松制品生坯	（1）擀制无馅类生物膨松制品生坯 （2）搓制无馅类生物膨松制品生坯 （3）卷制无馅类生物膨松制品生坯 （4）切制无馅类生物膨松制品生坯 （5）包制无馅类生物膨松制品生坯

续表

职业功能模块	培训内容	技能目标	培训细目
2. 膨松面品种制作	2-3　产品成熟	2-3-1　能用蒸制无馅类生物膨松制品	（1）正确使用蒸箱 （2）蒸制无馅类生物膨松制品
		2-3-2　能用烤制无馅类生物膨松制品	（1）正确使用烤箱 （2）烤制无馅类生物膨松制品
3. 米制品制作	3-1　米水配制	3-1-1　能根据籼米的特点调整米与水的配方	（1）正确辨识稻米种类 （2）配制籼米与水的比例
		3-1-2　能根据粳米的特点调整米与水的配方	配制粳米与水的比例
		3-1-3　能根据糯米的特点调整米与水的配方	配制糯米与水的比例
	3-2　饭粥熟制	3-2-1　能熟制米饭类制品	（1）选择熟制方法 （2）明确熟制
		3-2-2　能熟制米粥类制品	（1）选择熟制方法 （2）明确熟制要点
4. 杂粮品种制作	4-1　面坯调制	4-1-1　能调制玉米面类面坯	（1）正确辨识玉米面种类 （2）调制玉米面类面坯
		4-1-2　能调制小米面类面坯	（1）正确辨识小米面种类 （2）调制小米面类面坯
	4-2　生坯成型	4-2-1　能成型玉米面类生坯	玉米面类生坯成型
		4-2-2　能成型小米面类生坯	小米面类生坯成型
	4-3　产品成熟	4-3-1　能熟制玉米面类制品	熟制玉米面类制品
		4-3-2　能熟制小米面、小米饭、小米粥类制品	（1）熟制小米面类制品 （2）熟制小米饭类制品 （3）熟制小米粥类制品

2.1.3 四级 / 中级职业技能培训要求

职业功能模块	培训内容	技能目标	培训细目
1. 馅心制作	1-1 原料选择	1-1-1 能选用植物性制馅原料	（1）鉴别植物性制馅原料 （2）应用植物性制馅原料 （3）保藏植物性制馅原料
		1-1-2 能选用动物性制馅原料	（1）鉴别动物性制馅原料 （2）应用动物性制馅原料 （3）保藏动物性制馅原料
		1-1-3 能选用制馅调味料	（1）鉴别制馅调味料 （2）应用制馅调味料 （3）储存制馅调味料
	1-2 原料加工	1-2-1 能对生拌类咸馅原料进行择洗、去皮	（1）择洗馅心原料 （2）馅心原料去皮
		1-2-2 能对生拌类咸馅原料进行细碎加工	（1）使用和保养刀具 （2）切制生拌类咸馅原料 （3）剁制生拌类咸馅原料 （4）擦制生拌类咸馅原料 （5）绞制生拌类咸馅原料
		1-2-3 能对生拌类原料进行焯水、脱水处理	（1）生拌类原料焯水 （2）生拌类原料脱水
	1-3 口味调制	1-3-1 能调制生拌类咸馅	（1）制作生荤馅 （2）制作生素馅 （3）制作生荤素馅
		1-3-2 能制作糖油馅	（1）糖油馅原料加工 （2）糖油馅口味调制
		1-3-3 能制作果仁蜜饯馅	（1）果仁蜜饯馅原料加工 （2）果仁蜜饯馅口味调制
2. 水调面品种制作	2-1 面坯调制	2-1-1 能对热水面坯进行配料	热水面坯配料
		2-1-2 能调制热水面坯	（1）用沸水烧入法调制热水面坯 （2）用全烫面法调制热水面坯

续表

职业功能模块	培训内容	技能目标	培训细目
2. 水调面品种制作	2-2　生坯成型	2-2-1　能对有馅类冷水面生坯成型	（1）用包的方法成型有馅类冷水面生坯 （2）用捏的方法成型有馅类冷水面生坯 （3）用钳花的方法成型有馅类冷水面生坯
		2-2-2　能对有馅类温水面生坯成型	（1）用包的方法成型有馅类温水面生坯 （2）用捏的方法成型有馅类温水面生坯 （3）用钳花的方法成型有馅类温水面生坯
		2-2-3　能对有馅类热水面生坯成型	（1）用包的方法成型有馅类热水面生坯 （2）用捏的方法成型有馅类热水面生坯 （3）用钳花的方法成型有馅类热水面生坯
	2-3　产品成熟	2-3-1　能用煮制法成熟有馅类水调面坯制品	（1）开水下锅煮有馅类水调面生坯 （2）冷水下锅煮有馅类水调面生坯
		2-3-2　能用烙制法成熟有馅类水调面坯制品	（1）干烙有馅类水调面生坯 （2）刷油烙有馅类水调面生坯 （3）加水烙有馅类水调面生坯
		2-3-3　能用炸制法成熟有馅类水调面坯制品	（1）温油炸有馅类水调面生坯 （2）热油炸有馅类水调面生坯
		2-3-4　能用煎制法成熟有馅类水调面坯制品	（1）生煎有馅类水调面生坯 （2）熟煎有馅类水调面生坯
3. 膨松面品种制作	3-1　面坯调制	3-1-1　能按配方对化学膨松面坯进行配料	（1）按配方选配食用油 （2）按配方选配食用糖 （3）按配方选配蛋及其制品 （4）按配方选配乳及其制品 （5）按配方选配膨松剂
		3-1-2　能按程序调制化学膨松面坯	（1）调制化学膨松面坯 （2）控制剂量、水温等影响因素

续表

职业功能模块	培训内容	技能目标	培训细目
3. 膨松面品种制作	3-2　生坯成型	3-2-1　能对无馅类化学膨松制品生坯成型	无馅类化学膨松制品生坯成型
		3-2-2　能对有馅类化学膨松制品生坯成型	有馅类化学膨松制品生坯成型
		3-2-3　能对有馅类生物膨松制品生坯成型	有馅类生物膨松制品生坯成型
	3-3　产品成熟	3-3-1　能用蒸制法熟制化学膨松制品	（1）将化学膨松制品蒸制成熟 （2）控制蒸制加水量、时间等
		3-3-2　能用烤制法熟制化学膨松制品	（1）将化学膨松制品烤制成熟 （2）控制炉温、烤制时间等
		3-3-3　能用炸制法熟制有馅类生物膨松制品	（1）将化学膨松制品炸制成熟 （2）控制炸制温度、时间等
		3-3-4　能用煎制法熟制有馅类生物膨松制品	（1）将化学膨松制品煎制成熟 （2）控制煎制温度、时间等
4. 层酥面品种制作	4-1　面坯调制	4-1-1　能对水油皮层酥类面坯进行配料	（1）了解层酥面坯的概念、分类及特点 （2）正确使用走棰、刮刀等工具 （3）配制水油面原料 （4）配制干油酥原料
		4-1-2　能调制水油皮层酥类面坯	（1）调制水油面 （2）调制干油酥
		4-1-3　能对酵面层酥类面坯进行配料	（1）配制酵面皮原料 （2）配制油酥原料
		4-1-4　能调制酵面层酥类面坯	（1）调制酵面皮 （2）调制油酥
	4-2　生坯成型	4-2-1　能用大包酥的方法制作水油皮层酥暗酥	水油皮层酥大包酥开暗酥
		4-2-2　能用大包酥的方法制作酵面层酥暗酥	酵面层酥大包酥开暗酥
		4-2-3　能用暗酥的方法成型层酥面生坯	（1）卷、擀、叠、切面坯 （2）暗酥成型水油皮层酥面生坯 （3）暗酥成型酵面层酥面生坯
	4-3　产品成熟	4-3-1　能用烤制法熟制暗酥类制品	（1）烤制暗酥类制品 （2）控制烤箱温度、烤制时间等
		4-3-2　能用烙制法熟制暗酥类制品	（1）烙制暗酥类制品 （2）控制烙制火候、时间等

续表

职业功能模块	培训内容	技能目标	培训细目
5. 米制品制作	5-1　面坯调制	5-1-1　能对米粉坯类面坯进行配料	（1）糯米粉与面粉掺和 （2）糯米粉与粳米粉掺和 （3）米粉与杂粮掺和
		5-1-2　能调制生粉坯	调制生粉坯
		5-1-3　能调制熟粉坯	调制熟粉坯
	5-2　生坯成型	5-2-1　能制作生粉团生坯	制作生粉团生坯
		5-2-2　能制作熟粉团生坯	制作熟粉团生坯
	5-3　产品成熟	5-3-1　能熟制生粉团类制品	（1）选择熟制方法 （2）明确熟制要求
		5-3-2　能熟制熟粉团类制品	（1）选择熟制方法 （2）明确熟制要求
6. 杂粮品种制作	6-1　面坯调制	6-1-1　能调制莜麦类面坯	（1）面坯配料 （2）调制莜麦类面坯
		6-1-2　能调制荞麦类面坯	（1）面坯配料 （2）调制荞麦类面坯
		6-1-3　能调制蔬果类面坯	（1）面坯配料 （2）调制蔬果类面坯
	6-2　生坯成型	6-2-1　能制作莜麦类面点生坯	（1）选择成型方法 （2）明确成型要求
		6-2-2　能制作荞麦类面点生坯	（1）选择成型方法 （2）明确成型要求
		6-2-3　能制作蔬果类面点生坯	（1）选择成型方法 （2）明确成型要求
	6-3　产品成熟	6-3-1　能熟制莜麦类制品	（1）选择熟制方法 （2）明确熟制要求
		6-3-2　能熟制荞麦类制品	（1）选择熟制方法 （2）明确熟制要求
		6-3-3　能熟制蔬果类制品	（1）选择熟制方法 （2）明确熟制要求

2.1.4 三级 / 高级职业技能培训要求

职业功能模块	培训内容	技能目标	培训细目
1. 馅心制作	1–1 原料加工	1–1–1 能对熟馅原料进行初加工	（1）初加工时鲜菜蔬类原料 （2）初加工干货蜜饯类原料 （3）初加工质地不同的肉类原料
		1–1–2 能对熟馅原料进行熟制处理	（1）熟制处理时鲜菜蔬类原料 （2）熟制处理干货蜜饯类原料 （3）熟制处理质地不同的肉类原料
	1–2 馅心熟制	1–2–1 能制作熟甜馅	（1）制作泥蓉馅 （2）制作鲜果花卉馅 （3）制作糖油蛋（糠）馅
		1–2–2 能制作熟咸馅	（1）制作熟素馅 （2）制作熟荤馅 （3）制作熟荤素馅
		1–2–3 能制作卤臊浇头	（1）制作盖浇类卤臊浇头 （2）制作汤料类卤臊浇头 （3）制作凉拌蘸汁类卤臊浇头
2. 水调面品种制作	2–1 面坯调制	2–1–1 能根据工艺要求调整水调面坯配方	（1）分析面粉工艺性能 （2）了解面筋的特性 （3）了解水调面坯性质形成的基本原理 （4）根据工艺要求确定掺水量和水温等
		2–1–2 能根据条件选择合适的水温调制水调面坯	（1）根据季节调整掺水量 （2）根据季节调整水温
		2–1–3 能根据原料品种特点调制各种水调面坯	（1）根据原料品种特点调制冷水面坯 （2）根据原料品种特点调制温水面坯 （3）根据原料品种特点调制热水面坯

续表

职业功能模块	培训内容	技能目标	培训细目
2. 水调面品种制作	2-2　生坯成型	2-2-1　能制作具有良好筋力的水调面生坯	（1）抻制具有良好筋力的水调面生坯 （2）削制具有良好筋力的水调面生坯 （3）拨制具有良好筋力的水调面生坯 （4）搓制具有良好筋力的水调面生坯
		2-2-2　能制作浆糊类的水调面生坯	（1）摊制稀浆面糊 （2）摊制稀软面坯
	2-3　产品成熟	2-3-1　能根据品种调整熟制时的油温	（1）了解油温的分类 （2）掌握热能运用的一般原则 （3）正确识别油温 （4）根据品种调整油温
		2-3-2　能根据品种调整熟制时的火候	（1）了解火候的概念 （2）正确选择熟制的传热方式 （3）正确识别火候
3. 膨松面品种制作	3-1　面坯调制	3-1-1　能根据工艺要求调整生物膨松面坯配方	（1）明确面坯膨松必须具备的条件 （2）根据面坯质量标准调整生物膨松面坯配方
		3-1-2　能根据环境温度调整生物膨松面坯配方与工艺	（1）掌握生物膨松面坯调制的基本原理 （2）明确生物膨松面坯调制的影响因素 （3）根据环境温度调整生物膨松面坯配方和工艺
		3-1-3　能采用面肥或酵母调制发酵面坯	（1）用面肥调制发酵面坯 （2）用酵母调制发酵面坯
		3-1-4　能对物理膨松面坯进行配料	（1）了解物理膨松面坯的概念 （2）了解物理膨松面坯的特点 （3）蛋糊面坯配料 （4）面糊面坯配料
		3-1-5　能调制物理膨松面坯	（1）掌握物理膨松面坯调制的基本原理 （2）掌握物理膨松面坯调制的影响因素 （3）调制蛋糊面坯和面糊面坯

续表

职业功能模块	培训内容	技能目标	培训细目
3. 膨松面品种制作	3-2 生坯成型	3-2-1 能制作物理膨松面生坯	（1）了解物理膨松面生坯成型的影响因素 （2）物理膨松面生坯成型
		3-2-2 能制作有馅类造型生物膨松面生坯	（1）了解有馅类生物膨松面生坯成型的影响因素 （2）有馅类生物膨松面生坯成型
	3-3 产品成熟	3-3-1 能用蒸制法熟制物理膨松制品	（1）了解物理膨松制品蒸制技术关键 （2）蒸制物理膨松制品
		3-3-2 能用烤制法熟制物理膨松制品	（1）了解物理膨松制品烤制技术关键 （2）烤制物理膨松制品
		3-3-3 能熟制造型生物膨松制品	（1）了解造型生物膨松制品熟制技术关键 （2）熟制造型生物膨松制品
		3-3-4 能根据不同品种调整烤炉炉温	（1）了解烤炉底火、面火的作用 （2）调节烤炉底火、面火
4. 层酥面品种制作	4-1 面坯调制	4-1-1 能根据制品特点调整水油皮面坯配方	（1）掌握层酥面坯的构成及比例关系 （2）掌握层酥面坯分层起酥的原理
		4-1-2 能根据制品特点调整酵面层酥面坯配方	（1）调整酵面皮配方 （2）调整油酥配方
		4-1-3 能调制擘酥面坯	（1）掌握擘酥面坯的组成及特点 （2）调制擘酥面坯
	4-2 生坯成型	4-2-1 能用大包酥的方法制作水油皮明酥	（1）了解水油皮明酥的种类与特点 （2）大包酥制作水油皮明酥
		4-2-2 能用小包酥的方法制作水油皮明酥	小包酥制作水油皮明酥
		4-2-3 能用叠酥的方法制作水油皮明酥	水油皮叠酥开酥
		4-2-4 能用叠酥的方法制作擘酥	擘酥皮叠酥

续表

职业功能模块	培训内容	技能目标	培训细目
4. 层酥面品种制作	4-2 生坯成型	4-2-5 能制作明酥类直酥生坯	明酥类直酥生坯成型
		4-2-6 能制作明酥类圆酥生坯	明酥类圆酥生坯成型
	4-3 产品成熟	4-3-1 能用烤制法熟制明酥类制品	（1）烤制明酥类制品 （2）控制烤炉温度、生坯方向等
		4-3-2 能用炸制法熟制明酥类制品	（1）炸制明酥类制品 （2）控制火候、用油量、油温等
		4-3-3 能用烙制法熟制明酥类制品	（1）烙制明酥类制品 （2）控制烙制温度、刷油量等
5. 米制品制作	5-1 面坯调制	5-1-1 能调制黏质糕粉团	（1）配粉 （2）拌粉 （3）静置
		5-1-2 能调制松质糕粉团	（1）掺粉 （2）拌粉 （3）静置
	5-2 生坯成型	5-2-1 能制作黏质糕粉团生坯	（1）蒸制 （2）搅拌 （3）成型
		5-2-2 能制作松质糕粉团生坯	（1）正确使用模具 （2）松质糕粉团生坯成型
	5-3 产品成熟	5-3-1 能熟制黏质糕类制品	（1）熟制黏质糕类制品 （2）掌握黏质糕类制品熟制技术关键
		5-3-2 能熟制松质糕类制品	（1）熟制松质糕类制品 （2）熟制松质糕类制品技术关键
6. 其他面坯品种制作	6-1 面坯调制	6-1-1 能调制薯类面坯	（1）薯类面坯配料 （2）调制薯类面坯
		6-1-2 能调制澄粉类面坯	（1）澄粉类面坯配料 （2）调制澄粉类面坯

续表

职业功能模块	培训内容	技能目标	培训细目
6. 其他面坯品种制作	6-1 面坯调制	6-1-3 能调制混酥类面坯	（1）混酥类面坯配料 （2）调制混酥类面坯
		6-1-4 能调制浆皮类面坯	（1）熬制糖浆 （2）调制浆皮类面坯
		6-1-5 能调制豆类面坯	（1）豆类面坯配料 （2）调制豆类面坯
		6-1-6 能调制鱼虾蓉面坯	（1）鱼虾蓉面坯配料 （2）调制鱼虾蓉面坯
		6-1-7 能调制羹汤、胶冻	（1）羹汤、胶冻配料 （2）调制羹汤、胶冻
	6-2 生坯成型	6-2-1 能制作薯类生坯	（1）选择成型方法 （2）明确成型要求
		6-2-2 能制作澄粉类生坯	（1）选择成型方法 （2）明确成型要求
		6-2-3 能制作混酥类生坯	（1）选择成型方法 （2）明确成型要求
		6-2-4 能制作浆皮类生坯	（1）选择成型方法 （2）明确成型要求
		6-2-5 能制作豆类生坯	（1）选择成型方法 （2）明确成型要求
		6-2-6 能制作鱼虾蓉生坯	（1）选择成型方法 （2）明确成型要求
		6-2-7 能制作胶冻制品	（1）选择成型方法 （2）明确成型要求
	6-3 产品成熟	6-3-1 能熟制薯类制品	（1）选择熟制方法 （2）明确熟制要求
		6-3-2 能熟制澄粉类制品	（1）选择熟制方法 （2）明确熟制要求
		6-3-3 能熟制混酥类制品	（1）选择熟制方法 （2）明确熟制要求
		6-3-4 能熟制浆皮类制品	（1）选择熟制方法 （2）明确熟制要求
		6-3-5 能熟制豆类制品	（1）选择熟制方法 （2）明确熟制要求
		6-3-6 能熟制鱼虾蓉类制品	（1）选择熟制方法 （2）明确熟制要求
		6-3-7 能熟制羹汤类制品	（1）选择熟制方法 （2）明确熟制要求

续表

职业功能模块	培训内容	技能目标	培训细目
7. 面点装饰	7-1　成品装盘	7-1-1　能搭配装盘图形	（1）装盘构图 （2）选择装盘方法 （3）明确装盘操作要点
		7-1-2　能搭配装盘色彩	（1）正确使用着色剂 （2）装盘配色 （3）面点色彩的使用和保护
	7-2　成品装饰	7-2-1　能用沾、撒、搓等方法做盘装饰	（1）用沾的方法做盘装饰 （2）用撒的方法做盘装饰 （3）用搓的方法做盘装饰
		7-2-2　能用挤、捏等方法做盘装饰	（1）用挤的方法做盘装饰 （2）用捏的方法做盘装饰

2.1.5　二级 / 技师职业技能培训要求

职业功能模块	培训内容	技能目标	培训细目
1. 风味面点制作	1-1　原料选择与利用	1-1-1　能根据面点品种特点选择原料	（1）根据面点主坯性质选择主料 （2）根据面点主坯性质选择辅料 （3）根据面点品种特点选择食品添加剂
		1-1-2　能根据地方特色和季节选择原料	（1）根据地方特色和季节选择面点主坯原料 （2）根据地方特色和季节选择面点辅料
		1-1-3　能根据原料的特性搭配原料	（1）设计富钙面点 （2）设计富铁面点 （3）设计富钾面点
	1-2　面点制作	1-2-1　能制作本地区传统风味面点	（1）制作北部地区传统风味面点 （2）制作南部地区传统风味面点 （3）制作西部地区传统风味面点 （4）制作东部地区传统风味面点 （5）制作中部地区传统风味面点

续表

职业功能模块	培训内容	技能目标	培训细目
1. 风味面点制作	1–2　面点制作	1–2–2　能制作其他风味流派的特色名点	（1）制作京式面点 （2）制作苏式面点 （3）制作广式面点 （4）制作川式面点 （5）制作晋式面点 （6）制作秦氏面点
2. 菜单设计与创新	2–1　菜单设计	2–1–1　能根据服务对象的特点及要求选择面点品种	（1）根据服务对象的饮食习惯选择面点品种 （2）根据服务对象的饮食喜好选择面点品种 （3）根据服务对象的菜品预算选择面点品种 （4）根据服务对象的人员构成选择面点品种 （5）根据服务对象的其他要求选择面点品种
		2–1–2　能根据宴会主题和规格搭配面点品种	（1）根据宴会主题搭配面点品种 （2）根据宴会规格搭配面点品种
		2–1–3　能根据季节特点选择面点品种	（1）根据应季原料选择面点品种 （2）根据不同季节人们对面点口味、色彩以及温度的倾向选择面点品种
	2–2　面点创新	2–2–1　能结合当地的饮食习惯和原料特性设计制作面点	（1）掌握地方饮食文化与风俗知识 （2）面点原料创新 （3）面点制作工艺创新 （4）地方风味面点创新
		2–2–2　能结合服务对象和宴会主题设计制作面点	（1）设计制作生日宴会面点 （2）设计制作婚庆宴会面点 （3）设计制作节日宴会面点
3. 面点装饰	3–1　点心装饰	3–1–1　能运用面点成型技法装饰美化制品	（1）明确面点装饰造型设计和色彩设计基本法则 （2）运用点心装饰的基本技法装饰美化制品
		3–1–2　能应用装饰原料和方法装饰美化制品	（1）常见盘饰装饰原料和方法 （2）面点造型常见影响因素 （3）面点造型示例

续表

职业功能模块	培训内容	技能目标	培训细目
3. 面点装饰	3-1　点心装饰	3-1-3　能依据服务对象和宴会主题要求装饰美化制品	（1）依据服务对象装饰美化制品 （2）依据宴会主题要求装饰美化制品
	3-2　装盘与装饰	3-2-1　能依据宴席主题设计装盘造型	（1）设计生日宴会装盘造型 （2）设计婚庆宴会装盘造型 （3）设计节日宴会装盘造型 （4）设计其他宴会装盘造型
		3-2-2　能利用各类原料制作盘饰及立体装饰物	（1）利用面粉制作装饰物 （2）利用巧克力制作装饰物 （3）利用糖制作装饰物
4. 厨房管理	4-1　成本管理	4-1-1　能提出厨房产品成本控制的措施	（1）明确厨房产品成本构成要素 （2）厨房生产流程中的成本控制 （3）厨房人员成本控制 （4）厨房餐前餐后成本控制
		4-1-2　能填写厨房成本核算报表	（1）填写成本核算报表 （2）填写销售价格核算报表 （3）填写毛利率核算报表
		4-1-3　能编制控制成本的方案	编制成本控制方案
	4-2　厨房生产管理	4-2-1　能对厨房生产各阶段的运转制定管理细则	（1）厨房生产各阶段的管理 （2）责任控制管理
		4-2-2　能制定出标准食谱	编制标准菜谱
		4-2-3　能根据厨房生产各阶段的要求控制厨房出品秩序	（1）厨房生产计划控制 （2）厨房生产程序控制 （3）厨房生产关键点控制
5. 培训与指导	5-1　培训	5-1-1　能制订培训计划	（1）明确培训目标 （2）制定培训内容及要求 （3）合理分配培训课时 （4）制定培训考核方案
		5-1-2　能讲授专业基础知识和技能要求	（1）逻辑表达训练 （2）模拟培训试讲
		5-1-3　能撰写面点工艺方面的论文	（1）收集资料 （2）撰写论文
	5-2　指导	5-2-1　能指导五级 / 初级中式面点师工作	（1）编制工作指导方案 （2）开展指导工作
		5-2-2　能指导四级 / 中级中式面点师工作	（1）编制工作指导方案 （2）开展指导工作
		5-2-3　能指导三级 / 高级中式面点师工作	（1）编制工作指导方案 （2）开展指导工作

2.1.6　一级 / 高级技师职业技能培训要求

职业功能模块	培训内容	技能目标	培训细目
1. 菜点生产	1-1　面点创新	1-1-1　能结合本地区的实际情况，运用新原料设计制作创新产品	（1）菜点创新知识 （2）新食品原料的使用 （3）原料之间的搭配
		1-1-2　能结合本地区的实际情况，运用新技法设计制作创新产品	（1）食物成分在加工中的变化 （2）新烹饪设备的使用
	1-2　热菜制作	1-2-1　能用煎、炒、炸等方法制作本地基础菜肴	（1）煎制本地基础菜肴 （2）炒制本地基础菜肴 （3）炸制本地基础菜肴
		1-2-2　能用煮、蒸、汆等方法制作本地特色菜肴	（1）煮制本地特色菜肴 （2）蒸制本地特色菜肴 （3）汆制本地特色菜肴
2. 展台设计	2-1　主题设计	2-1-1　能依据主题要求设计展台中的面点作品	（1）分析主题展台面点要求 （2）主题展台面点作品案例分析
		2-1-2　能依据展台要求设计面点品种	（1）依据展台形状、大小等设计面点品种 （2）面点品种造型布局 （3）面点品种色彩搭配
	2-2　展台布置	2-2-1　能制作立体装饰物	（1）明确立体装饰物分类 （2）立体装饰物制作训练
		2-2-2　能对主题展台进行装饰	（1）大赛类展台装饰设计 （2）营销类展台装饰设计
3. 厨房管理	3-1　厨房布局设计	3-1-1　能指出影响厨房布局的因素	（1）分析影响厨房整体布局的因素 （2）分析影响厨房工位布局的因素
		3-1-2　能合理设计面点厨房的布局	（1）面点厨房整体设计 （2）面点厨房工位设计
		3-1-3　能精确选择面点设施设备	（1）分析选择厨房面点设施设备要考虑的因素 （2）精确选择面点设施设备
	3-2　人员组织	3-2-1　能合理配备厨房各岗位人员	（1）设置厨房组织结构 （2）调配厨房各岗位人员
		3-2-2　能制定各岗位职责及管理办法	（1）制定加工岗位职责及管理办法 （2）制定冷菜岗位职责及管理办法

续表

职业功能模块	培训内容	技能目标	培训细目
3. 厨房管理	3-2　人员组织	3-2-2　能制定各岗位职责及管理办法	（3）制定热菜岗位职责及管理办法 （4）制定面点岗位职责及管理办法 （5）制定切配岗位职责及管理办法
	3-3　产品质量管理	3-3-1　能制定产品质量评价标准并执行解决质量问题的方案	（1）分析影响产品质量的因素 （2）制定产品质量评价标准 （3）拟定并执行产品质量问题解决方案 （4）制定产品质量管理办法
		3-3-2　能对产品质量进行针对性控制	（1）加工岗位质量控制 （2）冷菜岗位质量控制 （3）热菜岗位质量控制 （4）面点岗位质量控制 （5）切配岗位质量控制

2.2 课程规范

2.2.1　职业基本素质培训课程规范

模块	课程	学习单元	课程内容	培训建议	课堂学时
1. 职业认知与职业守则	1-1　职业认知	职业认知与职业守则	1）职业认知 ①职业定义 ②工作内容 ③职业发展现状	（1）方法：讲授法、演示法、案例教学法、讨论法 （2）重点：中式面点师工作内容和职业守则 （3）难点：自觉遵守职业守则	1
	1-2　职业守则		2）职业守则 ①忠于职守，爱岗敬业 ②讲究质量，注重信誉 ③遵纪守法，讲究公德 ④尊师爱徒，团结协作 ⑤精益求精，追求极致 ⑥积极进取，开拓创新		

续表

模块	课程	学习单元	课程内容	培训建议	课堂学时
2. 饮食营养知识	2-1 人体需要的热能与营养素	能量与人体必需的营养素	1）能量 ①人体能量的需要 ②能量的食物来源与推荐摄入量 2）宏量营养素 ①蛋白质 ②脂肪 ③碳水化合物 3）微量营养素 ①矿物质 ②维生素 4）水和膳食纤维 ①水 ②膳食纤维	（1）方法：讲授法、问题导入法、讨论法 （2）重点：基础代谢影响因素，食物特殊动力作用，各种营养素的生理功能与食物来源，蛋白质互补作用，食物蛋白质营养评价，膳食脂肪的营养评价，营养素的缺乏症 （3）难点：中国成人活动水平的分级以及正确看待膳食纤维的作用	4
	2-2 各类烹饪原料的营养特点	各类烹饪原料的营养	1）植物性原料的营养 ①谷类的营养 ②豆类及其制品的营养 ③果蔬类原料的营养 2）动物性原料的营养 ①畜禽类原料的营养 ②水产原料的营养 ③蛋类及其制品的营养 ④奶类及其制品的营养	（1）方法：讲授法、案例教学法、讨论法 （2）重点：各类动、植物性原料的营养特点 （3）难点：动、植物性原料的合理应用	1
	2-3 营养素在烹饪中的变化	各类营养素在烹饪中的变化	1）蛋白质在烹饪中的变化 2）脂肪在烹饪中的变化 3）碳水化合物在烹饪中的变化 4）其他营养素在烹饪中的变化 ①水在烹饪中的变化 ②维生素在烹饪中的变化 ③矿物质在烹饪中的变化	（1）方法：讲授法、案例教学法、问题导入法、讨论法 （2）重点：蛋白质、脂肪、碳水化合物在烹饪中的变化 （3）难点：蛋白质、碳水化合物和水在烹饪中的变化应用	1

续表

模块	课程	学习单元	课程内容	培训建议	课堂学时
2. 饮食营养知识	2-4 平衡膳食与科学配餐	平衡膳食与科学配餐	1）平衡膳食 ①平衡膳食的概念 ②平衡膳食的要求 2）科学配餐 ①科学配餐的原则 ②科学配餐的技巧	（1）方法：讲授法、案例教学法 （2）重点：平衡膳食的要求及科学配餐的原则 （4）难点：灵活掌握科学配餐技巧	1
	2-5 中国居民膳食指南的应用	中国居民膳食指南和膳食宝塔的应用	1）《中国居民膳食指南（2016）》的内容 2）《中国居民膳食宝塔（2016）》的内容 3）应用膳食指南和膳食宝塔指导日常膳食	（1）方法：讲授法、案例教学法 （2）重点：理解和掌握膳食指南和膳食宝塔的内容 （5）难点：膳食指南和膳食宝塔的灵活应用	1
3. 食品安全知识	3-1 食品污染及其控制、预防措施	食品污染途径及防控	1）食品污染的概念、途径及分类 2）生物性污染物污染食品的途径及其防控措施 3）物理性污染物污染食品的途径及其防控措施 4）化学性污染物污染食品的途径及其防控措施	（1）方法：讲授法、案例教学法 （2）重点：食品污染的途径及其预防措施 （3）难点：食品污染的防控措施	2
	3-2 食品的腐败变质及其控制、预防措施	食品腐败变质及其预防	1）食品腐败变质的概念 2）食品腐败变质的现象及危害 3）食品腐败变质的原因 4）预防食品腐败变质的措施	（1）方法：讲授法、案例教学法 （2）重点：食品腐败变质的原因 （3）难点：预防食品腐败变质的措施	1
	3-3 食物中毒及其控制、预防措施	食物中毒及其预防	1）食物中毒的概念、特点及类型 2）细菌性食物中毒的原因及其预防措施 3）霉菌性食物中毒的原因及其预防措施 4）化学性食物中毒的原因及其预防措施 5）有毒动植物食物中毒的原因及其预防措施 6）食物中毒应对措施	（1）方法：讲授法、案例教学法 （2）重点：食物中毒的特点、原因，以及面点中常见细菌性食物中毒和化学性食物中毒的原因 （3）难点：预防食物中毒的措施及食物中毒应对措施	2

续表

模块	课程	学习单元	课程内容	培训建议	课堂学时
3. 食品安全知识	3–4　烹饪原料的安全	烹饪原料的安全	1）粮豆食品主要卫生问题及其控制措施	（1）方法：讲授法、案例教学法、演示法、问题导入法 （2）重点与难点：烹饪原料主要卫生问题的控制措施	1
			2）食用油脂主要卫生问题及其控制措施		
			3）乳品主要卫生问题及其控制措施		
			4）肉类食品主要卫生问题及其控制措施		
			5）蛋类食品主要卫生问题及其控制措施		
	3–5　烹饪过程的安全	面点食品制作过程中的安全控制	1）厨师、厨具的卫生要求	（1）方法：讲授法、演示法、案例教学法、问题导入法 （2）重点：厨师的卫生要求，抹布案板的清洗消毒，加工过程中的安全控制 （3）难点：加工过程中有害物质的安全控制	1
			2）面团制作过程中的主要卫生问题及其控制措施		
			3）馅料制作过程中的主要卫生问题及其控制措施		
			4）面点成型加工过程中的主要卫生问题及其控制措施		
			5）面点成熟过程中的主要卫生问题及其控制措施		
	3–6　烹饪成品的安全	烹饪成品的保存	1）保存温度	（1）方法：讲授法、演示法、案例教学法 （2）重点：烹饪成品的保存条件 （3）难点：具体品种的保存条件	1
			2）保存湿度		
			3）包装材料		
			4）保藏期限		
			5）保质期		
4. 餐饮业成本核算知识	4–1　餐饮业的成本概念	餐饮成本的概念及其核算方法	1）成本与餐饮成本 ①成本 ②餐饮成本	（1）方法：讲授法、演示法、案例教学法 （2）重点：餐饮成本的特点及其核算方法 （3）难点：餐饮成本核算方法	2
			2）餐饮成本核算 ①成本核算的意义 ②成本核算的任务 ③成本核算的方法		
	4–2　出材率的基本知识	出材率基本知识	1）出材率 ①概念 ②计算方法 ③影响因素 ④应用	（1）方法：讲授法、演示法 （2）重点：出材率的计算以及出材率与损耗率的换算 （3）难点：出材率与损耗率的换算	1
			2）损耗率 ①概念 ②计算方法		
			3）出材率与损耗率的换算		

续表

模块	课程	学习单元	课程内容	培训建议	课堂学时
4. 餐饮业成本核算知识	4-3 净料成本的计算	计算净料成本	1）净料的概念 2）生料的概念 3）生料单位成本计算 4）净料单位成本计算	（1）方法：讲授法、演示法 （2）重点与难点：生料和净料成本计算方法	1
	4-4 成品成本的计算	计算成品成本	1）单一菜点的成本计算 ①批量制作单一菜点的成本计算 ②单件制作单一菜点的成本计算 2）菜点总成本的计算	（1）方法：讲授法、演示法 （2）重点：单一菜点成本计算方法 （3）难点：批量制作单一菜点的成本计算	2
5. 安全生产知识	5-1 厨房设备安全操作知识	面点厨房常用设备的安全操作及维护	1）常用加热设备的安全操作及维护 ①电热烤箱 ②万能蒸烤箱 ③醒发箱 ④炸炉 ⑤电磁炉 ⑥燃气灶 ⑦电饼铛 2）常用电气设备的安全操作及维护 ①冷冻柜 ②冷藏柜 ③绞肉机 ④轧皮机 ⑤开酥机 ⑥搅拌机	（1）方法：讲授法、演示法 （2）重点与难点：常用设备安全操作方法	1
	5-2 用电、用气安全知识	安全用电、用气	1）安全用电 ①触电的概念 ②触电救护方法 2）安全用气 ①燃气灶的点火安全 ②煤气钢瓶的安全放置 ③燃气灶具漏气的处理	（1）方法：讲授法、演示法、案例教学法 （2）重点：厨师安全用电，燃气灶点火安全及漏气处理程序 （3）难点：触电救护方法	1

续表

模块	课程	学习单元	课程内容	培训建议	课堂学时
5. 安全生产知识	5-3 防火防爆安全知识	防火与防爆安全知识	1）防火安全知识 ①预防由燃料引起的火灾 ②预防由电器引起的火灾 ③使用手提式灭火器	（1）方法：讲授法、案例教学法 （2）重点与难点：灭火器的使用，火灾的预防及燃气爆炸的预防	1
			2）防爆安全知识 ①预防微波炉爆炸 ②预防高压锅爆炸		
	5-4 机械设备与手动工具的安全使用知识	机械设备与手动工具的安全使用	1）机械设备的安全使用	（1）方法：讲授法、演示法、案例教学法 （2）重点与难点：机械设备与手动工具操作安全	1
			2）手动工具的安全使用		
6. 相关法律、法规知识	6-1《中华人民共和国劳动法》相关知识	食品安全相关法律、法规	1）《中华人民共和国劳动法》概述及重要内容解释	（1）方法：讲授法、案例教学法 （2）重点与难点：相关法律、法规重要内容解释	1
	6-2《中华人民共和国食品安全法》相关知识		2）《中华人民共和国食品安全法》概述及重要内容解释		
	6-3《食品生产许可管理办法》相关知识		3）《食品生产许可管理办法》概述及重要内容解释		
	6-4《中华人民共和国环境保护法》相关知识		4）《中华人民共和国环境保护法》概述及重要内容解释		
	6-5《餐饮服务食品安全操作规范》相关知识		5）《餐饮服务食品安全操作规范》概述及重要内容解释		
课堂学时合计					28

2.2.2 五级 / 初级职业技能培训课程规范

模块	课程	学习单元	课程内容	培训建议	课堂学时
1. 水调面品种制作	1–1 面坯调制	（1）正确选择面粉与使用设备工具	1）面粉基础知识	（1）方法：讲授法、演示法 （2）重点与难点：机械设备的使用方法	2
			2）机械设备和工具的作用 ①和面机 ②轧面机 ③秤 ④擀面杖 ⑤量杯		
		（2）调制冷水面坯	1）水调面坯基础知识 ①概念 ②分类 ③特点	（1）方法：讲授法、演示法、实训（练习）法 （2）重点：掌握水温方法 （3）难点：调制冷水面坯的方法	2
			2）调制冷水面坯 ①冷水面坯配料 ②冷水面坯的调制方法 ③冷水面坯的质量要求		
		（3）调制温水面坯	1）温水面坯配料	（1）方法：讲授法、演示法 （2）重点：水温的掌握 （3）难点：调制温水面坯的方法	2
			2）温水面坯的调制方法		
			3）调制温水面坯的质量要求		
	1–2 生坯成型	（1）生坯成型基本方法	1）揉面 ①概念 ②分类 ③方法 ④质量要求	（1）方法：讲授法、演示法 （2）重点与难点：生坯成型的基本方法	8
			2）搓条 ①概念 ②分类 ③方法 ④质量要求		
			3）下剂 ①概念 ②分类 ③方法 ④质量要求		

续表

模块	课程	学习单元	课程内容	培训建议	课堂学时
1. 水调面品种制作	1–2 生坯成型		4）制皮 ①概念 ②分类 ③方法 ④质量要求		
		（2）制作面点生坯	1）制作饺子皮 ①操作准备 ②操作步骤 ③注意事项	（1）方法：讲授法、演示法、实训（练习）法 （2）重点：饺子皮、馄饨皮、烧麦皮、手擀面的制作方法 （3）难点：特色面点生坯的制作方法	16
			2）制作馄饨皮 ①操作准备 ②操作步骤 ③注意事项 ④特色馄饨皮制作		
			3）制作烧麦皮 ①操作准备 ②操作步骤 ③注意事项 ④特色烧麦皮制作		
			4）制作手擀面 ①操作准备 ②操作步骤 ③注意事项		
	1–3 产品成熟	（1）煮制无馅类水调面坯制品	1）煮制设备与工具 ①常用炉灶 ②电磁炉灶 ③水锅 ④汤锅 ⑤水勺 ⑥漏勺 ⑦不锈钢煮面斗 ⑧捞面筷	（1）方法：讲授法、演示法、实训（练习）法 （2）重点与难点：煮制方法	4
			2）熟制方法——煮 ①概念 ②分类 ③方法 ④技术关键		

续表

模块	课程	学习单元	课程内容	培训建议	课堂学时
1. 水调面品种制作	1–3 产品成熟	（2）烙制无馅类水调面坯制品	1）烙制设备与工具 ①电饼铛 ②煎铲 2）熟制方法——烙 ①概念 ②分类 ③方法 ④技术关键	（1）方法：讲授法、演示法、实训（练习）法 （2）重点与难点：烙制方法	4
		（3）炸制无馅类水调面坯制品	1）炸制设备与工具 ①炸锅 ②炸制工具 2）熟制方法——炸 ①概念 ②分类 ③方法 ④技术关键	（1）方法：讲授法、演示法、实训（练习）法 （2）重点与难点：炸制方法	4
2. 膨松面品种制作	2–1 面坯调制	（1）正确使用设备工具	1）机械设备的使用 ①发酵设备 ②多功能搅拌机 2）工具的使用 ①粉筛 ②刮板 ③粉扫	（1）方法：讲授法、演示法 （2）重点与难点：机械设备的使用方法	1
		（2）调制生物膨松面坯	1）生物膨松面坯基础知识 ①概念 ②特点 2）调制方法 ①酵母发酵法 ②老酵母发酵法	（1）方法：讲授法、演示法、实训（练习）法 （2）重点：生物膨松面坯的调制方法 （3）难点：用老酵母发酵法调制生物膨松面坯	3
	2–2 生坯成型	（1）模具成型	1）模具 ①印模 ②套模 ③盒模 ④内模 2）模具成型方法 ①生成型 ②熟成型 3）模具使用注意事项	（1）方法：讲授法、演示法 （2）重点：模具成型方法 （3）难点：模具的选择和使用	2

续表

<table>
<tr><th>模块</th><th>课程</th><th>学习单元</th><th>课程内容</th><th>培训建议</th><th>课堂学时</th></tr>
<tr><td rowspan="8">2. 膨松面品种制作</td><td rowspan="5">2-2 生坯成型</td><td rowspan="5">（2）手工成型</td><td>1）擀
①概念
②分类
③方法
④技术关键</td><td rowspan="5">（1）方法：讲授法、演示法、实训（练习）法
（2）重点：擀、搓、卷、切、包的成型方法
（3）难点：代表品种的手工成型方法</td><td rowspan="5">16</td></tr>
<tr><td>2）搓
①概念
②分类
③方法
④技术关键</td></tr>
<tr><td>3）卷
①概念
②分类
③方法
④技术关键</td></tr>
<tr><td>4）切
①概念
②分类
③方法
④技术关键</td></tr>
<tr><td>5）包
①概念
②分类
③方法
④技术关键</td></tr>
<tr><td rowspan="3">2-3 产品成熟</td><td rowspan="2">（1）蒸制无馅类生物膨松制品</td><td>1）蒸制设备
①蒸锅
②蒸箱
③高压蒸锅</td><td rowspan="2">（1）方法：讲授法、演示法、实训（练习）法
（2）重点：蒸制方法
（3）难点：蒸箱的种类及使用方法</td><td rowspan="2">4</td></tr>
<tr><td>2）熟制方法——蒸
①概念
②分类
③方法
④技术关键</td></tr>
<tr><td>（2）烤制无馅类生物膨松制品</td><td>1）烤制设备
①烤箱
②热风旋转炉
③万能蒸烤箱</td><td>（1）方法：讲授法、演示法、实训（练习）法</td><td>4</td></tr>
</table>

续表

模块	课程	学习单元	课程内容	培训建议	课堂学时
2. 膨松面品种制作	2–3 产品成熟		2）熟制方法——烤 ①概念 ②分类 ③方法 ④技术关键	（2）重点：烤制方法 （3）难点：烤箱的种类及使用方法	
3. 米制品制作	3–1 米水配制	（1）制作米饭类制品	1）稻米的结构、种类和特性	（1）方法：讲授法、演示法、实训（练习）法、案例教学法 （2）重点：米饭类制品的熟制方法 （3）难点：代表品种的掌握	4
			2）米饭的概念和分类		
			3）米饭类制品的制作方法 ①米水配制 ②熟制 ③面点实例		
	3–2 饭粥熟制	（2）制作米粥类制品	1）米粥的概念和分类	（1）方法：讲授法、演示法、实训（练习）法、案例教学法 （2）重点：米粥类制品的熟制方法 （3）难点：代表品种的掌握	4
			2）米粥类制品的制作方法 ①米水配制 ②熟制 ③面点实例		
4. 杂粮品种制作	4–1 面坯调制	（1）制作玉米面类制品	1）玉米的种类、特性	（1）方法：讲授法、演示法、实训（练习）法、案例教学法 （2）重点与难点：代表品种的掌握	4
			2）调制玉米面类面坯		
			3）玉米面类生坯成型		
			4）熟制玉米面类制品		
	4–2 生坯成型	（2）制作小米面类制品	1）小米的种类、特性	（1）方法：讲授法、演示法、实训（练习）法、案例教学法 （2）重点与难点：代表品种的掌握	4
			2）小米面类面坯的调制方法		
			3）小米面类生坯成型		
			4）熟制小米面类制品		
	4–3 产品成熟	（3）制作小米饭、小米粥类制品	1）熟制小米饭类制品	（1）方法：讲授法、演示法、实训（练习）法、案例教学法 （2）重点与难点：代表品种的掌握	4
			2）熟制小米粥类制品		
课堂学时合计					92

2.2.3 四级 / 中级职业技能培训课程规范

模块	课程	学习单元	课程内容	培训建议	课堂学时
1. 馅心制作	1-1 原料选择	（1）馅心概论	1）馅心的概念	（1）方法：讲授法、演示法 （2）重点：馅心的分类 （3）难点：包馅的比例	1
			2）馅心的特点		
			3）馅心的分类 ①按制作原料分类 ②按制作方法分类 ③按口味分类 ④按所处位置分类		
			4）包馅的比例 ①轻馅品种 ②重馅品种 ③半皮半馅品种		
		（2）选择甜馅原料	1）选择干果类制馅原料	（1）方法：讲授法、演示法 （2）重点：甜馅原料的种类及特性 （3）难点：常用甜馅原料的鉴别、应用及保藏	2
			2）选择豆类制馅原料		
			3）选择水果花草类制馅原料		
			4）选择其他原料		
			5）保藏植物性制馅原料		
		（3）选择咸馅原料	1）选择畜、禽肉类制馅原料	（1）方法：讲授法、演示法 （2）重点：咸馅原料的种类及特性 （3）难点：常用咸馅原料的鉴别、应用及保藏	2
			2）选择水产海味类制馅原料		
			3）选择蔬菜类制馅原料		
			4）保藏动物性制馅原料		
		（4）选择制馅调味料	1）选择固态复合调味品	（1）方法：讲授法、演示法 （2）重点：制馅调味料的种类及性能 （3）难点：制馅调味料的鉴别、应用及储存	2
			2）选择液态调味品		
			3）选择酱味调味品		
			4）储存制馅调味料		

续表

模块	课程	学习单元	课程内容	培训建议	课堂学时
1. 馅心制作	1–2　原料加工	（1）原料加工设备与刀具	1）原料加工设备 如绞馅机、粉碎机等	（1）方法：讲授法、演示法 （2）重点与难点：生馅原料加工设备与刀具的使用方法	1
			2）原料加工刀具 ①刀具的种类 ②刀具的使用与保养		
		（2）生馅原料加工基本方法	1）馅心原料初加工基本方法 ①摘洗 ②去皮 ③去壳 ④去核	（1）方法：讲授法、演示法、实训（练习）法、案例教学法 （2）重点：馅心原料的加工方法 （3）难点：控制各类生馅原料的水分	2
			2）馅心原料加工的基本刀法 ①切 ②剁 ③擦 ④绞		
			3）生馅原料的水分控制 ①焯水 ②脱水 ③打水		
	1–3　口味调制	（1）调制生咸馅	1）调制生荤馅 ①原料加工 ②调制方法 ③技术关键 ④制作实例	（1）方法：讲授法、演示法、实训（练习）法、案例教学法 （2）重点：生咸馅的调制方法 （3）难点：代表馅心的掌握	2
			2）调制生素馅 ①原料加工 ②调制方法 ③技术关键 ④制作实例		
			3）调制生荤素馅 ①原料加工 ②调制方法 ③技术关键 ④制作实例		

续表

模块	课程	学习单元	课程内容	培训建议	课堂学时
1. 馅心制作	1–3 口味调制	（2）制作甜馅	1）制作糖油馅 ①原料加工 ②调制方法 ③技术关键 ④制作实例	（1）方法：讲授法、演示法、实训（练习）法、案例教学法 （2）重点：甜馅的调制方法 （3）难点：代表馅心的掌握	2
			2）制作果仁蜜饯馅 ①原料加工 ②调制方法 ③技术关键 ④制作实例		
2. 水调面品种制作	2–1 面坯调制	（1）水调面坯基础知识	1）水调面坯的概念	（1）方法：讲授法、演示法 （2）重点与难点：水调面坯的分类	1
			2）水调面坯的分类 ①冷水面坯 ②温水面坯 ③热水面坯		
			3）影响面坯性质的因素		
		（2）调制热水面坯	1）热水面坯的调制方法	（1）方法：讲授法、演示法、实训（练习）法、案例教学法 （2）重点与难点：热水面坯调制方法	2
			2）热水面坯调制的技术关键		
	2–2 生坯成型	（1）生坯成型基本方法	1）包 ①分类 ②操作方法 ③技术关键	（1）方法：讲授法、演示法、实训（练习）法、案例教学法 （2）重点：生坯成型的方法 （3）难点：代表生坯实例成型方法	5
			2）捏 ①分类 ②操作方法 ③技术关键		
			3）钳花 ①分类 ②操作方法 ③技术关键		

续表

<table>
<tr><th>模块</th><th>课程</th><th>学习单元</th><th>课程内容</th><th>培训建议</th><th>课堂学时</th></tr>
<tr><td rowspan="21">2. 水调面品种制作</td><td rowspan="2">2–2　生坯成型</td><td rowspan="2">（2）馅心对生坯成型的影响</td><td>1）馅心影响面点的外观和形态
①馅心变化有美化制品的作用
②馅心的软硬度直接影响制品造型</td><td rowspan="2">（1）方法：讲授法、演示法
（2）重点与难点：馅心软硬度及包馅比例对生坯成型的影响</td><td rowspan="2">2</td></tr>
<tr><td>2）包馅比例对造型的影响
①轻馅品种
②重馅品种
③半皮半馅品种</td></tr>
<tr><td rowspan="20">2–3　产品成熟</td><td rowspan="5">（1）煮制有馅类水调面坯制品</td><td>1）概念</td><td rowspan="5">（1）方法：讲授法、演示法、实训（练习）法、案例教学法
（2）重点与难点：煮的方法</td><td rowspan="5">1</td></tr>
<tr><td>2）分类</td></tr>
<tr><td>3）操作方法</td></tr>
<tr><td>4）注意事项</td></tr>
<tr><td>5）面点实例</td></tr>
<tr><td rowspan="5">（2）烙制有馅类水调面坯制品</td><td>1）概念</td><td rowspan="5">（1）方法：讲授法、演示法、实训（练习）法、案例教学法
（2）重点与难点：烙的方法</td><td rowspan="5">2</td></tr>
<tr><td>2）分类</td></tr>
<tr><td>3）操作方法</td></tr>
<tr><td>4）注意事项</td></tr>
<tr><td>5）面点实例</td></tr>
<tr><td rowspan="5">（3）炸制有馅类水调面坯制品</td><td>1）概念</td><td rowspan="5">（1）方法：讲授法、演示法、实训（练习）法、案例教学法
（2）重点与难点：炸的方法</td><td rowspan="5">2</td></tr>
<tr><td>2）分类</td></tr>
<tr><td>3）操作方法</td></tr>
<tr><td>4）注意事项</td></tr>
<tr><td>5）面点实例</td></tr>
<tr><td rowspan="5">（4）煎制有馅类水调面坯制品</td><td>1）概念</td><td rowspan="5">（1）方法：讲授法、演示法、实训（练习）法、案例教学法
（2）重点与难点：煎的方法</td><td rowspan="5">2</td></tr>
<tr><td>2）分类</td></tr>
<tr><td>3）操作方法</td></tr>
<tr><td>4）注意事项</td></tr>
<tr><td>5）面点实例</td></tr>
<tr><td>3. 膨松面品种制作</td><td>3–1　面坯调制</td><td>（1）选择辅助原料</td><td>1）食用油
①食用油的种类及特点
②油脂在面点工艺中的作用</td><td>（1）方法：讲授法、演示法
（2）重点：油、糖、蛋、乳的种类及特点</td><td>2</td></tr>
</table>

续表

模块	课程	学习单元	课程内容	培训建议	课堂学时
3. 膨松面品种制作	3-1 面坯调制	（1）选择辅助原料	2）食用糖 ①食用糖的种类及特点 ②糖类在面点工艺中的作用	（3）难点：油、糖、蛋、乳在面点工艺中的作用	
			3）蛋及其制品 ①蛋品的种类及特点 ②蛋品在面点工艺中的作用		
			4）乳及其制品 ①乳品的种类及特点 ②乳品在面点工艺中的作用		
		（2）选择膨松剂	1）膨松剂必须具备的条件	（1）方法：讲授法、演示法 （2）重点：准确使用膨松剂 （3）难点：膨松剂的种类及其理化性质	1
			2）化学膨松剂的种类		
			3）化学膨松剂的使用 ①碳酸氢钠 ②碳酸氢铵 ③发酵粉		
		（3）调制化学膨松面坯	1）化学膨松面坯的概念与特点	（1）方法：讲授法、演示法、案例教学法 （2）重点：化学膨松面坯调制方法 （3）难点：代表面点的掌握	2
			2）化学膨松面坯调制方法		
			3）化学膨松面坯膨松的基本原理 ①熟制中水分的变化 ②熟制中厚度的变化		
			4）化学膨松面坯调制的影响因素 ①剂量 ②水温		
			5）面点实例		
	3-2 生坯成型	（1）化学膨松制品生坯成型	1）无馅类化学膨松制品生坯成型 ①成型方法 ②技术关键 ③面点实例	（1）方法：讲授法、演示法、案例教学法 （2）重点：化学膨松制品生坯成型方法 （3）难点：代表面点的掌握	2
			2）有馅类化学膨松制品生坯成型 ①成型方法 ②技术关键 ③面点实例		

续表

模块	课程	学习单元	课程内容	培训建议	课堂学时
3. 膨松面品种制作	3-2 生坯成型	（2）有馅类生物膨松制品生坯成型	1）成型方法 2）技术关键 3）面点实例	（1）方法：讲授法、演示法、案例教学法 （2）重点：生物膨松制品生坯成型 （3）难点：代表面点的掌握	2
	3-3 产品成熟	（1）蒸制化学膨松制品	1）化学膨松制品的蒸制方法 2）化学膨松制品的蒸制技术关键 3）面点实例	（1）方法：讲授法、演示法、实训（练习）法、案例教学法 （2）重点：蒸制方法 （3）难点：代表面点的掌握	3
		（2）烤制化学膨松制品	1）化学膨松制品的烤制方法 2）化学膨松制品的烤制技术关键 3）面点实例	（1）方法：讲授法、演示法、实训（练习）法、案例教学法 （2）重点：烤制方法 （3）难点：代表面点的掌握	4
		（3）炸制化学膨松制品	1）化学膨松制品的炸制方法 2）化学膨松制品的炸制技术关键 3）面点实例	（1）方法：讲授法、演示法、实训（练习）法、案例教学法 （2）重点：炸制方法 （3）难点：代表面点的掌握	2
		（4）煎制化学膨松制品	1）化学膨松制品的煎制方法 2）化学膨松制品的煎制技术关键 3）面点实例	（1）方法：讲授法、演示法、实训（练习）法、案例教学法 （2）重点：煎制方法 （3）难点：代表面点的掌握	2

续表

模块	课程	学习单元	课程内容	培训建议	课堂学时
4. 层酥面品种制作	4-1 面坯调制	（1）调制水油皮层酥类面坯	1）层酥面坯的概念、分类及特点	（1）方法：讲授法、演示法、案例教学法 （2）重点：水油面、干油酥的原料配比及调制方法 （3）难点：走棰的正确使用，水油面、干油酥调制技术关键的掌握	6
			2）开酥工具 ①走棰 ②刮刀		
			3）水油皮层酥类面坯的经验配方 ①水油面的经验配方 ②干油酥的经验配方		
			4）调制水油面 ①调制方法 ②技术关键		
			5）调制干油酥 ①调制方法 ②技术关键		
		（2）调制酵面层酥类面坯	1）酵面层酥类面坯经验配方 ①酵面皮经验配方 ②油酥经验配方	（1）方法：讲授法、演示法、案例教学法 （2）重点：酵面层酥原料配比及调制方法 （3）难点：酵面层酥调制技术关键的掌握	4
			2）调制酵面皮 ①调制方法 ②技术关键		
			3）调制油酥 ①调制方法 ②技术关键		
	4-2 生坯成型	（1）水油皮大包酥制作层酥暗酥	1）开酥的概念和基本方法	（1）方法：讲授法、演示法、案例教学法 （2）重点：水油皮层酥大包酥开暗酥方法 （3）难点：水油皮层酥大包酥开暗酥技术关键的掌握	2
			2）水油皮层酥的种类及特点 ①明酥 ②暗酥 ③半暗酥		
			3）水油皮层酥大包酥开暗酥 ①开酥方法 ②技术关键 ③面点实例		

续表

模块	课程	学习单元	课程内容	培训建议	课堂学时
4. 层酥面品种制作	4-2 生坯成型	（2）酵面层酥大包酥制作暗酥	1）开酥方法 2）技术关键 3）面点实例	（1）方法：讲授法、演示法、案例教学法 （2）重点：酵面层酥大包酥开暗酥方法 （3）难点：酵面层酥大包酥开暗酥技术关键的掌握	2
		（3）层酥面生坯的暗酥成型	1）暗酥成型方法 ①卷 ②擀 ③叠 ④切 2）面点实例	（1）方法：讲授法、演示法、案例教学法 （2）重点：暗酥成型方法 （3）难点：暗酥成型要求的掌握	4
	4-3 产品成熟	（1）烤制暗酥类制品	1）暗酥类制品烤制方法 2）烤制暗酥类制品的技术关键 3）烤制暗酥类制品的质量要求 4）面点实例	（1）方法：讲授法、演示法、案例教学法 （2）重点：烤制暗酥类制品的技术关键与质量要求 （3）难点：代表面点的掌握	3
		（2）烙制暗酥类制品	1）暗酥类制品烙制方法 2）烙制暗酥类制品的技术关键 3）烙制暗酥类制品的质量要求 4）面点实例	（1）方法：讲授法、演示法、案例教学法 （2）重点：烙制暗酥类制品的技术关键与质量要求 （3）难点：代表面点的掌握	3
5. 米制品制作	5-1 面坯调制	（1）米粉面坯常识	1）米粉的种类 2）米粉面坯的概念、分类和特点	（1）方法：讲授法、演示法 （2）重点与难点：米粉面坯的分类和特点	1

续表

模块	课程	学习单元	课程内容	培训建议	课堂学时
5. 米制品制作	5-2 生坯成型	（2）制作生粉团类制品	1）生粉坯的掺粉方法	（1）方法：讲授法、演示法、案例教学法 （2）重点：生粉坯的调制方法 （3）难点：生粉团生坯成型的操作步骤	3
			2）调制生粉坯		
			3）生粉团生坯成型 ①操作准备 ②操作步骤 ③质量标准 ④注意事项		
	5-3 产品成熟		4）生粉团类制品熟制 ①操作准备 ②操作步骤 ③质量标准 ④注意事项		
			5）面点实例		
		（3）制作熟粉团类制品	1）熟粉坯的掺粉方法	（1）方法：讲授法、演示法、案例教学法 （2）重点：熟粉坯的调制方法 （3）难点：熟粉团生坯成型的操作步骤	3
			2）调制熟粉坯		
			3）熟粉团生坯成型 ①操作准备 ②操作步骤 ③质量标准 ④注意事项		
			4）熟粉团类制品熟制 ①操作准备 ②操作步骤 ③质量标准 ④注意事项		
			5）面点实例		
6. 杂粮品种制作	6-1 面坯调制	（1）制作莜麦类制品	1）莜麦的种类、特点	（1）方法：讲授法、演示法、案例教学法、实训（练习）法 （2）重点：莜麦品质的判别和莜麦类面坯调制方法的选择 （3）难点：莜麦类面点生坯成型方法的选择和熟制方法的把控	3
			2）调制莜麦类面坯		
			3）莜麦类面点生坯成型		
			4）莜麦类制品熟制		
			5）面点实例		

续表

模块	课程	学习单元	课程内容	培训建议	课堂学时
6. 杂粮品种制作	6–2　生坯成型	（2）制作荞麦类制品	1）荞麦的种类、特点 2）调制荞麦类面坯 3）荞麦类面点生坯成型 4）荞麦类制品熟制 5）面点实例	（1）方法：讲授法、演示法、案例教学法、实训（练习）法 （2）重点：荞麦品质的判别和荞麦类面坯调制方法的选择 （3）难点：荞麦类面点生坯成型方法的选择和熟制方法的把控	4
	6–3　产品成熟	（3）制作蔬果类制品	1）蔬果类原料的种类、特点 2）调制蔬果类面坯 3）蔬果类面点生坯成型 4）蔬果类制品熟制 5）面点实例	（1）方法：讲授法、演示法、案例教学法、实训（练习）法 （2）重点：蔬果品质的判别和蔬果类面坯调制方法的选择 （3）难点：蔬果类面点生坯成型方法的选择和熟制方法的把控	3
课堂学时合计					92

2.2.4　三级／高级职业技能培训课程规范

模块	课程	学习单元	课程内容	培训建议	课堂学时
1. 馅心制作	1–1　原料加工	熟馅原料加工	1）熟馅原料初加工 ①初加工时鲜菜蔬类原料 ②初加工干货蜜饯类原料 ③初加工质地不同的肉类原料 2）熟馅原料熟制处理 ①熟制处理时鲜菜蔬类原料 ②熟制处理干货蜜饯类原料 ③熟制处理质地不同的肉类原料	（1）方法：讲授法、演示法 （2）重点：原料熟制处理的方法 （3）难点：原料熟制处理时的水分控制	2

续表

模块	课程	学习单元	课程内容	培训建议	课堂学时
1. 馅心制作	1–2 馅心熟制	（1）制作熟甜馅	1）制作泥蓉馅 ①工艺方法 ②制作实例 2）制作鲜果花卉馅 ①工艺方法 ②制作实例 3）制作糖油蛋（糠）馅 ①工艺方法 ②制作实例	（1）方法：讲授法、演示法、案例教学法、实训（练习）法 （2）重点：熟甜馅制作方法 （3）难点：代表馅心的掌握	1
		（2）制作熟咸馅	1）制作熟素馅 ①工艺方法 ②制作实例 2）制作熟荤馅 ①工艺方法 ②制作实例 3）制作熟荤素馅 ①工艺方法 ②制作实例	（1）方法：讲授法、演示法、案例教学法、实训（练习）法 （2）重点：熟咸馅制作方法 （3）难点：代表馅心的掌握	1
		（3）制作卤臊浇头	1）制作盖浇类卤臊浇头 ①分类 ②制作实例 2）制作汤料类卤臊浇头 ①分类 ②制作实例 3）制作凉拌蘸汁类卤臊浇头 ①分类 ②制作实例	（1）方法：讲授法、演示法、案例教学法、实训（练习）法 （2）重点：卤臊浇头制作方法 （3）难点：代表卤臊浇头的掌握	1
2. 水调面品种制作	2–1 面坯调制	调制面坯	1）水调面坯的形成 ①面粉工艺性能 ②面筋的特性 ③水调面坯形成的基本原理 2）选择合适的掺水量和水温 ①夏季与冬季掺水量的变化 ②雨天与晴天掺水量的变化 ③夏季与冬季水温与面坯的变化	（1）方法：讲授法、演示法 （2）重点：面粉的工艺性能以及温度对面坯的影响	3

续表

<table>
<tr><th>模块</th><th>课程</th><th>学习单元</th><th>课程内容</th><th>培训建议</th><th>课堂学时</th></tr>
<tr><td rowspan="9">2. 水调面品种制作</td><td rowspan="2">2-1 面坯调制</td><td rowspan="2">调制面坯</td><td>④夏季与冬季空气温度与面坯的变化</td><td rowspan="2">（3）难点：冷、温、热三种水调面坯技术要求的掌握</td><td rowspan="2"></td></tr>
<tr><td>3）调制水调面坯
①调制冷水面坯
②调制温水面坯
③调制热水面坯</td></tr>
<tr><td rowspan="5">2-2 生坯成型</td><td rowspan="5">生坯成型</td><td>1）抻
①抻的分类
②抻的操作方法
③抻的注意事项
④面点实例</td><td rowspan="5">（1）方法：讲授法、演示法、案例教学法、实训（练习）法
（2）重点：抻、削、拨、搓、摊的操作方法
（3）难点：代表面点的掌握</td><td rowspan="5">6</td></tr>
<tr><td>2）削
①削的分类
②削的操作方法
③削的注意事项
④面点实例</td></tr>
<tr><td>3）拨
①拨的分类
②拨的操作方法
③拨的注意事项
④面点实例</td></tr>
<tr><td>4）搓
①搓的分类
②搓的操作方法
③搓的注意事项
④面点实例</td></tr>
<tr><td>5）摊
①摊的分类
②摊的操作方法
③摊的注意事项
④面点实例</td></tr>
<tr><td rowspan="2">2-3 产品成熟</td><td rowspan="2">产品成熟</td><td>1）合理调整油温
①油温的分类
②热能运用的一般原则
③选择油温</td><td rowspan="2">（1）方法：讲授法、演示法
（2）重点与难点：火候与油温的运用</td><td rowspan="2">1</td></tr>
<tr><td>2）合理调整火候
①火候的概念
②熟制的传热方式
③识别火候</td></tr>
</table>

续表

模块	课程	学习单元	课程内容	培训建议	课堂学时
3. 膨松面品种制作	3-1 面坯调制	（1）调制生物膨松面坯	1）面坯膨松必须具备的条件	（1）方法：讲授法、演示法、案例教学法、实训（练习）法 （2）重点：生物膨松面坯调制的基本原理和影响因素 （3）难点：代表面点的掌握	4
			2）生物膨松法分类 ①面肥发酵法 ②酵母发酵法		
			3）生物膨松面坯调制的基本原理 ①发酵中淀粉的变化 ②发酵中面坯酸度的变化 ③发酵中面筋蛋白质的变化 ④兑碱去酸		
			4）生物膨松面坯调制的影响因素 ①面粉的影响 ②加水量的影响 ③酵母的影响 ④温度的影响 ⑤发酵时间的影响		
			5）用面肥或酵母发酵面坯的技术要点		
			6）生物膨松面坯质量标准		
		（2）调制物理膨松面坯	1）物理膨松面坯的概念、特点与分类	（1）方法：讲授法、演示法、案例教学法、实训（练习）法 （2）重点：调制物理膨松面坯的方法 （3）难点：代表面点的掌握	4
			2）调制物理膨松面坯 ①调制蛋糊面坯 ②调制面糊面坯		
			3）调制物理膨松面坯的基本原理与影响因素 ①调制蛋糊面坯的基本原理与影响因素 ②调制面糊面坯的基本原理与影响因素		

续表

模块	课程	学习单元	课程内容	培训建议	课堂学时
3. 膨松面品种制作	3-2 生坯成型	（1）物理膨松面生坯成型与熟制	1）物理膨松面生坯成型的影响因素	（1）方法：讲授法、演示法、案例教学法、实训（练习）法 （2）重点：物理膨松面生坯成型与熟制方法 （3）难点：代表面点的掌握	5
			2）熟制物理膨松制品的技术关键 ①蒸制技术关键 ②烤制技术关键		
			3）面点实例		
	3-3 产品成熟	（2）造型生物膨松面生坯成型与熟制	1）生物膨松面生坯成型的影响因素	（1）方法：讲授法、演示法、案例教学法、实训（练习）法 （2）重点：造型生物膨松面生坯成型与熟制方法 （3）难点：代表面点的掌握	6
			2）熟制造型生物膨松制品的技术关键		
			3）面点实例		
4. 层酥面品种制作	4-1 面坯调制	（1）调整水油皮面坯配方	1）层酥面坯分层起酥原理 ①起酥原理 ②起层原理	（1）方法：讲授法 （2）重点：水油面与干油酥的比例关系 （3）难点：掌握层酥面坯分层起酥原理	4
			2）水油面与干油酥的比例关系 ①水油面配方的变化 ②干油酥配方的变化 ③水油皮与干油酥的配比关系		
		（2）调整酵面层酥面坯配方	1）调整酵面层酥面皮配方	（1）方法：讲授法、演示法 （2）重点：酵面层酥面坯配方的调整 （3）难点：掌握酵面层酥面皮与油酥的比例关系	2
			2）调整油酥配方		
			3）酵面层酥面皮与油酥的比例关系		

续表

<table>
<tr><th>模块</th><th>课程</th><th>学习单元</th><th>课程内容</th><th>培训建议</th><th>课堂学时</th></tr>
<tr><td rowspan="13">4. 层酥面品种制作</td><td rowspan="4">4-1 面坯调制</td><td rowspan="4">（3）调制擘酥面坯</td><td>1）擘酥面坯的组成
①蛋水面
②油酥面</td><td rowspan="4">（1）方法：讲授法、演示法、实训（练习）法
（2）重点：擘酥面坯的组成
（3）难点：擘酥面坯调制</td><td rowspan="4">3</td></tr>
<tr><td>2）擘酥面坯的特点</td></tr>
<tr><td>3）擘酥面坯的调制方法</td></tr>
<tr><td>4）擘酥面坯调制技术关键</td></tr>
<tr><td rowspan="9">4-2 生坯成型</td><td rowspan="3">（1）明酥开酥</td><td>1）水油皮明酥的种类与特点
①圆酥
②直酥</td><td rowspan="3">（1）方法：讲授法、演示法、案例教学法、实训（练习）法
（2）重点：大包酥制作明酥及小包酥制作明酥的方法
（3）难点：大包酥制作明酥及小包酥制作明酥技术关键的掌握</td><td rowspan="3">4</td></tr>
<tr><td>2）大包酥制作明酥
①制作方法
②技术关键
③面点实例</td></tr>
<tr><td>3）小包酥制作明酥
①制作方法
②技术关键
③面点实例</td></tr>
<tr><td rowspan="4">（2）明酥叠酥</td><td>1）水油皮叠酥工艺方法
①立酥（排丝酥）法
②叠酥法</td><td rowspan="4">（1）方法：讲授法、演示法、案例教学法、实训（练习）法
（2）重点：水油皮、擘酥皮叠酥工艺方法
（3）难点：水油皮、擘酥皮叠酥技术关键的掌握</td><td rowspan="4">4</td></tr>
<tr><td>2）擘酥皮叠酥工艺方法
①油酥包水皮法
②水皮包油酥法</td></tr>
<tr><td>3）叠酥工艺技术关键</td></tr>
<tr><td>4）面点实例</td></tr>
<tr><td rowspan="2">（3）明酥成型</td><td>1）明酥类直酥生坯成型
①工艺方法：叠酥法、卷酥法、卷叠酥法
②技术关键
③面点实例</td><td rowspan="2">（1）方法：讲授法、演示法、案例教学法、实训（练习）法
（2）重点：明酥类直酥和圆酥生坯成型的工艺方法
（3）难点：明酥类直酥和圆酥生坯成型技术关键的掌握</td><td rowspan="2">6</td></tr>
<tr><td>2）明酥类圆酥生坯成型
①工艺方法：卷酥法、卷叠酥法
②技术关键
③面点实例</td></tr>
</table>

续表

模块	课程	学习单元	课程内容	培训建议	课堂学时
4. 层酥面品种制作	4–3 产品成熟	（1）烤制明酥类制品	1）明酥类制品烤制方法 2）明酥类制品烤制技术关键 3）烤制明酥类制品的质量要求 4）面点实例	（1）方法：讲授法、演示法、案例教学法、实训（练习）法 （2）重点：明酥类制品烤制技术关键与质量要求 （3）难点：代表面点的掌握	3
		（2）炸制明酥类制品	1）明酥类制品炸制方法 2）明酥类制品炸制技术关键 3）炸制明酥类制品的质量要求 4）面点实例	（1）方法：讲授法、演示法、案例教学法、实训（练习）法 （2）重点：明酥类制品炸制技术关键与质量要求 （3）难点：代表面点的掌握	3
		（3）烙制明酥类制品	1）明酥类制品烙制方法 2）明酥类制品烙制技术关键 3）烙制明酥类制品的质量要求 4）面点实例	（1）方法：讲授法、演示法、案例教学法、实训（练习）法 （2）重点：明酥类制品烙制技术关键与质量要求 （3）难点：代表面点的掌握	3
5. 米制品制作	5–1 面坯调制	（1）制作黏质糕类制品	1）黏质糕粉团的概念 2）调制黏质糕粉团 3）黏质糕粉团生坯成型 4）熟制黏质糕类制品 5）面点实例	（1）方法：讲授法、演示法、案例教学法、实训（练习）法 （2）重点：调制黏质糕粉团的技术关键 （3）难点：黏质糕粉团生坯成型技术关键的掌握	3

续表

模块	课程	学习单元	课程内容	培训建议	课堂学时
5. 米制品制作	5-2 生坯成型 5-3 产品成熟	（2）制作松质糕类制品	1）松质糕粉团的概念 2）调制松质糕粉团 3）松质糕粉团生坯成型 4）熟制松质糕类制品 5）面点实例	（1）方法：讲授法、演示法、案例教学法、实训（练习）法 （2）重点：调制松质糕粉团的技术关键 （3）难点：松质糕粉团生坯成型技术关键的掌握	3
6. 其他面坯品种制作	6-1 面坯调制	（1）制作薯类制品	1）薯类的种类、特性 2）调制薯类面坯 3）薯类生坯成型 4）薯类制品熟制 5）面点实例	（1）方法：讲授法、演示法、案例教学法、实训（练习）法 （2）重点：薯类品质的判别和薯类面坯调制方法的选择 （3）难点：薯类生坯成型方法的选择和薯类制品熟制方法的把控	3
		（2）制作澄粉类制品	1）澄粉的特性 2）调制澄粉类面坯 3）澄粉类生坯成型 4）澄粉类制品熟制 5）面点实例	（1）方法：讲授法、演示法、案例教学法、实训（练习）法 （2）重点：澄粉类面坯调制方法的选择和澄粉类生坯成型方法的选择 （3）难点：澄粉类制品熟制方法的把控	3
		（3）制作混酥类制品	1）调制混酥类面坯 2）混酥类生坯成型 3）混酥类制品熟制 4）面点实例	（1）方法：讲授法、演示法、案例教学法、实训（练习）法 （2）重点：混酥坯类面坯调制方法的选择和混酥类生坯成型要求 （3）难点：混酥类制品熟制要求和熟制方法	3

续表

<table>
<tr><th>模块</th><th>课程</th><th>学习单元</th><th>课程内容</th><th>培训建议</th><th>课堂学时</th></tr>
<tr><td rowspan="20">6. 其他面坯品种制作</td><td rowspan="11">6–2　生坯成型</td><td rowspan="6">（4）制作浆皮类制品</td><td>1）糖浆的种类</td><td rowspan="6">（1）方法：讲授法、演示法、案例教学法、实训（练习）法
（2）重点：糖浆熬制方法，浆皮类面坯调制方法的选择和浆皮类生坯成型要求
（3）难点：浆皮坯类生坯成型方法的选择及浆皮类制品熟制要求和熟制方法的掌握</td><td rowspan="6">3</td></tr>
<tr><td>2）熬制糖浆</td></tr>
<tr><td>3）调制浆皮类面坯</td></tr>
<tr><td>4）浆皮类生坯成型</td></tr>
<tr><td>5）浆皮类制品熟制</td></tr>
<tr><td>6）面点实例</td></tr>
<tr><td rowspan="5">（5）制作豆类制品</td><td>1）豆类原料的种类、特性</td><td rowspan="5">（1）方法：讲授法、演示法、案例教学法、实训（练习）法
（2）重点：豆类原料品质的判别和豆类面坯调制方法的选择
（3）难点：豆类生坯成型方法的选择和制品熟制方法的把控</td><td rowspan="5">3</td></tr>
<tr><td>2）调制豆类面坯</td></tr>
<tr><td>3）豆类生坯成型</td></tr>
<tr><td>4）豆类制品熟制</td></tr>
<tr><td>5）面点实例</td></tr>
<tr><td rowspan="7">6–3　产品成熟</td><td rowspan="5">（6）制作鱼虾蓉类制品</td><td>1）鱼虾类原料的种类、特性</td><td rowspan="5">（1）方法：讲授法、演示法、案例教学法、实训（练习）法
（2）重点：鱼虾类原料品质的判别和鱼虾蓉面坯调制方法的选择
（3）难点：鱼虾蓉生坯成型方法的选择和制品熟制方法的把控</td><td rowspan="5">3</td></tr>
<tr><td>2）调制鱼虾蓉面坯</td></tr>
<tr><td>3）鱼虾蓉生坯成型</td></tr>
<tr><td>4）鱼虾蓉类制品熟制</td></tr>
<tr><td>5）面点实例</td></tr>
<tr><td rowspan="2">（7）制作羹汤制品</td><td>1）羹汤原料的种类、特性</td><td rowspan="2">（1）方法：讲授法、演示法、案例教学法、实训（练习）法
（2）重点：羹汤原料品质的判别</td><td rowspan="2">2</td></tr>
<tr><td>2）羹汤制品熟制</td></tr>
</table>

续表

模块	课程	学习单元	课程内容	培训建议	课堂学时
6. 其他面坯品种制作	6-3　产品成熟	（7）制作羹汤制品	3）面点实例	（3）难点：羹汤制品熟制方法的把控	
		（8）制作胶冻制品	1）胶冻原料的种类、特性	（1）方法：讲授法、演示法 （2）重点：胶冻原料品质的判别 （3）难点：胶冻制品熟制方法的把控	2
			2）胶冻制品熟制		
			3）面点实例		
7. 面点装饰	7-1　成品装盘	（1）装盘图形设计	1）构图的基本方法	（1）方法：讲授法、演示法、案例教学法 （2）重点：装盘的基本方法和操作要点 （3）难点：构图的基本方法	2
			2）装盘的基本方法和操作要点		
		（2）搭配装盘色彩	1）着色剂 ①食用合成色素 ②食用天然色素	（1）方法：讲授法、演示法、案例教学法 （2）重点：装盘配色的基本要求 （3）难点：色彩搭配技巧的掌握	2
			2）面点的色彩 ①食品的天然色泽 ②食品加工中颜色的保护方法		
			3）装盘色彩搭配 ①色彩的种类 ②色彩三要素 ③色彩的情感要素 ④色彩搭配技巧		
			4）装盘配色的基本要求		
	7-2　成品装饰	成品装饰	1）常用的盘饰方法 ①沾 ②撒 ③挫 ④挤 ⑤捏	（1）方法：讲授法、演示法、案例教学法、实训（练习）法 （2）重点：沾、撒、搓、挤、捏等盘饰方法的操作要点 （3）难点：代表面点的掌握	4
			2）面点实例		
课堂学时合计					102

2.2.5 二级 / 技师职业技能培训课程规范

模块	课程	学习单元	课程内容	培训建议	课堂学时
1. 风味面点制作	1–1 原料选择与利用	（1）根据面点品种特点选择原料	1）面坯分类和特点 2）面点主坯性质与主料的关系 3）面点主坯性质与辅料的关系 4）食品添加剂对面坯的影响	（1）方法：讲授法、演示法 （2）重点与难点：面点主坯性质与主料的关系及食品添加剂对面坯的影响	1
		（2）根据地方特色和季节选择原料	1）面点主坯原料的产区和季节分布 2）面点辅料的产区和季节分布	（1）方法：讲授法、演示法 （2）重点与难点：面点主坯原料的产区和季节分布	1
		（3）营养面点设计	1）面点营养设计原则 2）不同人群的营养需求 ①幼儿营养需求 ②孕妇营养需求 ③乳母营养需求 ④老年人营养需求 3）设计不同营养面点 ①设计富钙面点 ②设计富铁面点 ③设计富钾面点	（1）方法：讲授法、演示法、案例教学法、实训（练习）法 （2）重点：根据原料的营养特性搭配原料 （3）难点：不同营养面点的设计	8
	1–2 面点制作	本地区传统风味面点和其他地方特色面点制作	1）京式面点 ①京式面点的地域分布 ②京式面点的特点 ③京式面点的代表品种及制作工艺 2）苏式面点 ①苏式面点的地域分布 ②苏式面点的特点 ③苏式面点的代表品种及制作工艺	（1）方法：讲授法、演示法、案例教学法、实训（练习）法 （2）重点：我国各地风味面点的特点	26

续表

模块	课程	学习单元	课程内容	培训建议	课堂学时
1. 风味面点制作	1–2 面点制作	本地区传统风味面点和其他地方特色面点制作	3）广式面点 ①广式面点的地域分布 ②广式面点的特点 ③广式面点的代表品种及制作工艺	（3）难点：代表面点的掌握	
			4）川式面点 ①川式面点的地域分布 ②川式面点的特点 ③川式面点的代表品种及制作工艺		
			5）晋式面点 ①晋式面点的地域分布 ②晋式面点的特点 ③晋式面点的代表品种及制作工艺		
			6）秦式面点 ①秦式面点的地域分布 ②秦式面点的特点 ③秦式面点的代表品种及制作工艺		
2. 菜单设计与创新	2–1 菜单设计	（1）客户菜单设计	1）客源种类划分	（1）方法：讲授法、演示法、实训（练习）法 （2）重点：菜单设计原则 （3）难点：根据客户需求搭配适当的面点品种	2
			2）客户需求分析		
			3）面点品种与客户需求的搭配原则		
			4）菜单设计原则和基本步骤		
		（2）宴会菜单设计	1）宴会主题 ①生日宴 ②婚庆宴 ③节日宴	（1）方法：讲授法、演示法、实训（练习）法 （2）重点：宴会菜单设计原则 （3）难点：根据不同宴会主题和规格选择适当的面点品种	2
			2）宴会规格		
			3）宴会菜单结构和作用		
			4）宴会菜单设计 ①宴会菜单设计原则 ②宴会菜单设计流程 ③宴会菜单设计注意事项		
			5）宴会菜点搭配品种实例		

续表

<table>
<tr><th>模块</th><th>课程</th><th>学习单元</th><th>课程内容</th><th>培训建议</th><th>课堂学时</th></tr>
<tr><td rowspan="9">2. 菜单设计与创新</td><td rowspan="2">2-1　菜单设计</td><td rowspan="2">（3）季节性菜单设计</td><td>1）季节性菜单设计原则</td><td rowspan="2">（1）方法：讲授法、演示法、实训（练习）法
（2）重点：季节性菜单设计原则
（3）难点：季节性面点品种选择</td><td rowspan="2">2</td></tr>
<tr><td>2）选取季节性面点品种</td></tr>
<tr><td rowspan="7">2-2　面点创新</td><td rowspan="4">（1）设计制作地方特色面点</td><td>1）饮食文化与风俗知识</td><td rowspan="4">（1）方法：讲授法、演示法、案例教学法、实训（练习）法
（2）重点：地方风味面点创新
（3）难点：面点制作工艺创新</td><td rowspan="4">4</td></tr>
<tr><td>2）面点地方原料创新
①坯皮原料
②馅心原料
③调辅原料</td></tr>
<tr><td>3）面点制作工艺创新
①加工工艺创新
②熟制工艺创新
③成型工艺创新</td></tr>
<tr><td>4）地方风味面点创新
①京式面点创新
②晋式面点创新
③秦式面点创新
④川式面点创新
⑤广式面点创新
⑥苏式面点创新</td></tr>
<tr><td rowspan="3">（2）设计制作宴会面点</td><td>1）设计制作生日宴会面点</td><td rowspan="3">（1）方法：讲授法、演示法、案例教学法、实训（练习）法
（2）重点：宴会面点配置要求
（3）难点：不同主题宴会的面点配置</td><td rowspan="3">2</td></tr>
<tr><td>2）设计制作婚庆宴会面点</td></tr>
<tr><td>3）设计制作节日宴会面点</td></tr>
<tr><td rowspan="2">3. 面点装饰</td><td rowspan="2">3-1　点心装饰</td><td rowspan="2">（1）面点装饰美化方法</td><td>1）面点造型常见影响因素
①色彩影响因素
②塑型影响因素
③其他影响因素</td><td rowspan="2">（1）方法：讲授法、讨论法、案例教学法、实训（练习）法
（2）重点：点心装饰的基本技法和装饰设计要求</td><td rowspan="2">3</td></tr>
<tr><td>2）面点装饰设计要求
①装饰造型设计基本法则
②装饰色彩设计基本法则</td></tr>
</table>

续表

模块	课程	学习单元	课程内容	培训建议	课堂学时
3. 面点装饰	3-1　点心装饰	（1）面点装饰美化方法	3）点心装饰的基本技法 ①点绘法 ②线描法 ③平涂法 ④晕染法 ⑤镶嵌法 ⑥盖印法 ⑦拼摆法	（3）难点：审美与点心装饰基本技法的应用	
			4）常见盘饰装饰原料和方法 ①果蔬盘饰 ②果酱画盘饰 ③花草类盘饰		
			5）装饰美化制品示例		
		（2）装饰美化面点	1）依据服务对象装饰美化制品 ①不同服务对象的点心装饰原则与要求 ②装饰美化制品的注意事项	（1）方法：讲授法、讨论法、案例教学法 （2）重点：装饰美化制品的原则与要求 （3）难点：宴会主题要素的提炼与其在面点装饰中的结合应用	1
			2）依据宴会主题要求装饰美化制品 ①不同宴会主题的点心装饰原则与要求 ②装饰美化制品的注意事项		
			3）装饰美化制品示例		
	3-2　装盘与装饰	（1）装盘造型设计	1）装盘造型设计的一般原则 ①食品造型的构思与布局 ②食品造型布局的一般要求 ③食品造型的法则	（1）方法：讲授法、演示法、实训（练习）法 （2）重点：食品造型的构思与布局、造型的要求 （3）难点：不同宴席主题的造型装盘设计	1
			2）设计生日宴会装盘造型		
			3）设计婚庆宴会装盘造型		
			4）设计节日宴会装盘造型		
			5）设计其他宴会装盘造型		

续表

模块	课程	学习单元	课程内容	培训建议	课堂学时
3. 面点装饰	3-2 装盘与装饰	（2）面塑工艺训练	1）面塑的概念 2）面塑工具 3）面塑工艺要领 4）面塑工艺实例	（1）方法：讲授法、演示法、案例教学法、实训（练习）法 （2）重点：调制面塑面坯 （3）难点：面塑工艺要领的掌握	4
		（3）编织工艺训练	1）编织的概念 2）编织工具 3）编织工艺要领 4）编织工艺实例	（1）方法：讲授法、演示法、案例教学法、实训（练习）法 （2）重点：编织工艺 （3）难点：编织工艺要领的掌握	4
		（4）巧克力工艺训练	1）巧克力塑型的概念 2）巧克力塑型工具 3）巧克力塑型工艺要领 4）巧克力塑型工艺实例	（1）方法：讲授法、演示法、案例教学法、实训（练习）法 （2）重点：巧克力调温工艺 （3）难点：巧克力塑型工艺要领的掌握	4
		（5）糖塑工艺训练	1）糖塑的概念 2）糖塑工具 3）糖塑工艺要领 4）糖塑工艺实例	（1）方法：讲授法、演示法、案例教学法、实训（练习）法 （2）重点与难点：糖塑的概念与工艺要领的掌握	5
4. 厨房管理	4-1 成本管理	（1）厨房成本控制	1）厨房产品成本构成要素 2）厨房生产流程中的成本控制 3）厨房人员成本控制 4）厨房餐前餐后成本控制	（1）方法：讲授法、演示法、实训（练习）法 （2）重点与难点：厨房成本构成要素	1

续表

模块	课程	学习单元	课程内容	培训建议	课堂学时
4. 厨房管理	4-1　成本管理	（2）厨房成本计算与报表填写	1）菜品价格特点 2）菜品价格制定原则与方法 3）菜品定价程序 4）成本计算 ①成本核算及报表填写 ②销售价格核算及报表填写 ③毛利率核算及报表填写	（1）方法：讲授法、演示法、实训（练习）法 （2）重点：厨房成本核算与成本核算报表填写 （3）难点：厨房成本计算方法的掌握	1
		（3）编制厨房成本控制方案	1）厨房成本控制方案的构成 2）厨房成本控制方案的编制要求 3）厨房成本控制方案编制案例分析	（1）方法：讲授法、演示法、案例教学法 （2）重点与难点：厨房成本控制方法	2
	4-2　厨房生产管理	（1）厨房生产管理	1）厨房生产各阶段的管理 ①原料申领、保存管理 ②加工过程管理 ③配菜过程管理 ④烹调过程管理 2）责任控制管理 ①成品监管 ②工作程序与标准监控	（1）方法：讲授法、演示法、实训（练习）法 （2）重点与难点：厨房各阶段生产控制	2
		（2）编制标准食谱	1）标准食谱的样式 2）标准食谱的编制要求 3）标准食谱编制案例分析	（1）方法：讲授法、演示法、实训（练习）法 （2）重点与难点：编制标准食谱的基本要求	2
		（3）厨房产品控制	1）厨房生产计划控制 ①生产预测数据的获取与整理 ②生产预测方法 2）厨房生产程序控制 ①生产程序控制 ②生产卡控制 ③作业流程控制 3）厨房生产关键点控制（HACCP）	（1）方法：讲授法、演示法、实训（练习）法 （2）重点：厨房生产计划和生产关键点控制 （3）难点：厨房生产关键点控制	2

续表

模块	课程	学习单元	课程内容	培训建议	课堂学时
5. 培训与指导	5-1 培训	（1）制订培训计划	1）培训计划的格式 ①培训目标 ②培训内容 ③培训学时 ④培训考核方案	（1）方法：讲授法、案例教学法 （2）重点：培训计划制订流程 （3）难点：如何确保培训计划的有效性和可行性	2
			2）培训计划实例分析		
		（2）模拟培训	1）专业基础知识分享	（1）方法：讲授法、讨论法、情景模拟法 （2）重点：逻辑表达能力训练 （3）难点：情景模拟训练	2
			2）逻辑表达能力训练		
			3）专业知识试讲		
		（3）撰写专业论文	1）文献检索方式	（1）方法：讲授法、演示法、讨论法、案例教学法 （2）重点：文献检索方式及论文撰写要点 （3）难点：论文撰写要点的掌握	2
			2）论文撰写要点		
			3）最新面点工艺论文分享		
	5-2 指导	工作指导	1）编制五级/初级中式面点师工作指导方案 ①工作重点分析 ②工作难点分析 ③指导方案示例	（1）方法：讲授法、讨论法、情景模拟法 （2）重点：工作重点、难点分析 （3）难点：模拟指导工作	6
			2）编制四级/中级中式面点师工作指导方案 ①工作重点分析 ②工作难点分析 ③指导方案示例		
			3）编制三级/高级中式面点师工作指导方案 ①工作重点分析 ②工作难点分析 ③指导方案示例		
			4）工作指导注意事项		
课堂学时合计					92

2.2.6 一级 / 高级技师职业技能培训课程规范

模块	课程	学习单元	课程内容	培训建议	课堂学时
1. 菜点生产	1-1 面点创新	面点创新	1）面点创新知识 2）新原料、新技法、新设备的使用及搭配创新 3）面点创新设计与制作实践	（1）方法：讲授法、演示法、实训（练习）法 （2）重点：面点创新依据 （3）难点：影响面点创新的因素	16
	1-2 热菜制作	热菜制作	1）常用中式烹调方法的特点及操作技巧 ①煎 ②炒 ③炸 ④煮 ⑤蒸 ⑥汆 2）菜肴制作实例	（1）方法：讲授法、演示法、实训（练习）法 （2）重点：中式烹调方法 （3）难点：中餐菜肴制作	8
2. 展台设计	2-1 主题设计	（1）设计面点作品	1）展台主题类型 2）主题展台面点作品案例展示	（1）方法：讲授法、演示法、讨论法、案例分析法 （2）重点：展台主题及面点作品搭配 （3）难点：如何搭配得当	6
		（2）设计面点品种	1）面点种类与展台的关系 2）面点品种造型布局要求 3）面点品种色彩搭配要求 4）展台面点品种设计案例分析	（1）方法：讲授法、案例教学法 （2）重点：展台类型及面点类型搭配 （3）难点：如何搭配得当	6

续表

模块	课程	学习单元	课程内容	培训建议	课堂学时
2. 展台设计	2-2 展台布置	（1）制作装饰物	1）演示各式立体装饰物 2）立体装饰物制作实训 3）成功案例分享 4）失败案例分享	（1）方法：讲授法、案例教学法、讨论法 （2）重点：制作立体装饰物 （3）难点：如何制作出精美并符合主题要求的立体装饰物	6
		（2）装饰展台	1）主题颜色搭配 2）主题形状搭配 3）成功与失败案例分享 4）模拟展台装饰训练	（1）方法：讲授法、案例分析法、实训（练习）法 （2）重点：餐饮美学基础 （3）难点：如何对展台进行有效美化装饰	6
3. 厨房管理	3-1 厨房布局设计	厨房布局设计	1）影响厨房布局的因素 2）设计厨房布局 ①厨房整体布局 ②厨房各生产区域布局 3）厨房设施设备选用原则 ①安全性原则 ②实用性原则 ③经济性原则 ④前瞻性原则 4）厨房布局示例	（1）方法：讲授法、演示法、案例教学法 （2）重点：厨房布局方法 （3）难点：厨房布局设计	4
	3-2 人员组织	（1）厨房各岗位人员配备	1）厨房人员组织结构设置要求 ①大型厨房人员组织结构设置要求 ②中型厨房人员组织结构设置要求 ③小型厨房人员组织结构设置要求 2）影响厨房人员配备因素 3）厨房各岗位人员配备	（1）方法：讲授法、演示法、案例教学法 （2）重点：厨房人员组织结构 （3）难点：厨房各岗位人员配备及管理	2

续表

模块	课程	学习单元	课程内容	培训建议	课堂学时
3. 厨房管理	3-2　人员组织	（2）制定厨房各岗位职责及管理办法	1）制定加工岗位职责及管理办法	（1）方法：讲授法、演示法、实训（练习）法 （2）重点：厨房岗位职责 （3）难点：制定厨房各岗位管理办法	2
			2）制定冷菜岗位职责及管理办法		
			3）制定热菜岗位职责及管理办法		
			4）制定面点岗位职责及管理办法		
			5）制定切配岗位职责及管理办法		
	3-3　产品质量管理	产品质量管理	1）分析影响产品质量的因素	（1）方法：讲授法、演示法、讨论法、案例教学法 （2）重点：产品质量管理的规范化 （3）难点：产品质量管理制度的可实施性	4
			2）制定产品质量评价标准		
			3）拟定并执行产品质量问题解决方案		
			4）制定产品质量管理办法		
课堂学时合计					60

2.2.7　培训建议中培训方法说明

（1）讲授法

讲授法指教师主要运用语言讲述，系统地向学员传授知识，传播思想理念。即教师通过叙述、描绘、解释、推论来传递信息，传授知识，阐明概念，论证定律和公式，引导学员获取知识，认识和分析问题。

（2）讨论法

讨论法指在教师的指导下，学员以班级或小组为单位，围绕学习单元的内容，对某一专题进行深入探讨，通过讨论或辩论活动，从而获得知识或巩固知识的一种教学方法，要求教师在讨论结束时对讨论的主题做归纳性总结。

（3）实训（练习）法

实训（练习）法指学员在教师的指导下巩固知识、运用知识，形成技能技巧的方法。通过实际操作的练习，形成操作技能。

（4）演示法

演示法指在教学过程中，教师通过示范操作和讲解使学员获得知识、技能的教学方法。教学中，教师对操作内容进行现场演示，边操作边讲解，强调操作的关键步骤和注意事项，让学员边学边做，理论与技能并重，师生互动，提高学生的学习兴趣和学习效率。

（5）案例教学法

案例教学法指通过对案例进行分析，提出问题，分析问题，并找到解决问题的途径和手段，培养学员分析问题、处理问题的能力。

（6）情景模拟法

情景模拟法指教师在实施培训前事先准备和布置培训现场，并设定情景表演的情景、对话内容及评估标准，通过学员现场的情景模拟活动以及教师对活动效果的及时评估，从而达到培训的预期效果。

2.3 考核规范

2.3.1 职业基本素质培训考核规范

考核范围	考核比重（%）	考核内容	考核比重（%）	考核单元
1. 职业认知与职业守则	10	1–1 职业认知	10	职业认知与职业守则
		1–2 职业守则		
2. 饮食营养知识	30	2–1 人体需要的热能和营养素	15	能量与人体必需的营养素
		2–2 各类烹饪原料的营养特点	5	各类烹饪原料的营养
		2–3 营养素在烹饪中的变化	5	各类营养素在烹饪中的变化
		2–4 平衡膳食与科学配餐	3	平衡膳食与科学配餐
		2–5 中国居民膳食指南的应用	2	中国居民膳食指南的应用和膳食宝塔的应用

续表

考核范围	考核比重（%）	考核内容	考核比重（%）	考核单元
3. 食品安全知识	30	3-1 食品污染及其控制、预防措施	5	食品污染途径及其防控
		3-2 食品的腐败变质及其控制、预防措施	5	食品腐败变质及其预防
		3-3 食物中毒及其控制、预防措施	10	食物中毒及其预防
		3-4 烹饪原料的安全	3	各类烹饪原料的安全
		3-5 烹饪过程的安全	5	面点食品制作过程中的安全控制
		3-6 烹饪成品的安全	2	烹饪成品的保存
4. 餐饮业成本核算知识	15	4-1 餐饮业的成本概念	2	餐饮成本的概念及其核算方法
		4-2 出材率的基本知识	3	出材率基本知识
		4-3 净料成本的计算	5	计算净料成本
		4-4 成品成本的计算	5	计算成品成本
5. 安全生产知识	10	5-1 厨房设备安全操作知识	2	面点厨房常用设备的安全操作及维护
		5-2 用电、用气安全知识	3	安全用电、用气
		5-3 防火防爆安全知识	3	防火与防爆安全知识
		5-4 机械设备与手动工具的安全使用知识	2	机械设备及手动工具的安全使用
6. 相关法律、法规知识	5	6-1 《中华人民共和国劳动法》相关知识	5	食品安全相关法律、法规
		6-2 《中华人民共和国食品安全法》相关知识		
		6-3 《食品生产许可管理办法》相关知识		
		6-4 《中华人民共和国环境保护法》相关知识		
		6-5 《餐饮服务食品安全操作规范》相关知识		

2.3.2　五级 / 初级理论知识培训考核规范

考核范围	考核比重（%）	考核内容	考核比重（%）	考核单元
1. 水调面品种制作	45	1-1　面坯调制	20	（1）临案操作
				（2）冷水面坯配料与调制
		1-2　生坯成型	15	（1）制作饺子皮
				（2）制作馄饨皮
				（3）制作烧麦皮
				（4）制作手擀面
		1-3　产品成熟	10	（1）煮制无馅类水调面坯制品
				（2）烙制无馅类水调面坯制品
				（3）炸制无馅类水调面坯制品
2. 膨松面品种制作	35	2-1　面坯调制	15	（1）临案操作
				（2）生物膨松面坯配料
				（3）调制生物膨松面坯
		2-2　生坯成型	10	（1）用模具成型无馅类生物膨松制品生坯
				（2）手工成型无馅类生物膨松制品生坯
		2-3　产品成熟	10	（1）蒸制无馅类生物膨松制品
				（2）烤制无馅类生物膨松制品
3. 米制品制作	10	3-1　米水配制	5	（1）稻米的种类和特点
				（2）根据籼米的特点调整米与水的配方
				（3）根据粳米的特点调整米与水的配方
				（4）根据糯米的特点调整米与水的配方
		3-2　饭粥熟制	5	（1）熟制米饭类制品
				（2）熟制米粥类制品
4. 杂粮品种制作	10	4-1　面坯调制	4	（1）调制玉米面类面坯
				（2）调制小米面类面坯
		4-2　生坯成型	3	（1）成型玉米面类生坯
				（2）成型小米面类生坯
		4-3　产品成熟	3	（1）熟制玉米面类制品
				（2）熟制小米面、小米饭、小米粥类制品

2.3.3 五级 / 初级操作技能考核规范

<table>
<tr><th colspan="2">考核范围</th><th>考核比重（%）</th><th colspan="2">考核内容</th><th>考核比重（%）</th><th>考核形式</th><th>选考方式</th><th>考核时间（分钟）</th><th>重要程度</th></tr>
<tr><td colspan="2">基本素质</td><td>5</td><td colspan="2">岗前准备和工作卫生</td><td>5</td><td>实操</td><td>必考</td><td>过程考试</td><td>Z</td></tr>
<tr><td colspan="2" rowspan="3">1. 水调面品种制作</td><td rowspan="3">50</td><td>1-1 面坯调制</td><td rowspan="2">制皮</td><td rowspan="2">20</td><td rowspan="2">实操</td><td rowspan="2">必考</td><td>15</td><td rowspan="2">X</td></tr>
<tr><td>1-2 生坯成型</td><td rowspan="10">105</td></tr>
<tr><td>面坯调制、生坯成型、产品成熟</td><td>制作一款本级别水调面品种</td><td>30</td><td>实操</td><td>必考</td><td>X</td></tr>
<tr><td colspan="2" rowspan="3">2. 膨松面品种制作</td><td rowspan="3">30</td><td>2-1 面坯调制</td><td rowspan="3">制作一款本级别膨松面品种</td><td rowspan="3">30</td><td rowspan="3">实操</td><td rowspan="3">必考</td><td rowspan="3">X</td></tr>
<tr><td>2-2 生坯成型</td></tr>
<tr><td>2-3 产品成熟</td></tr>
<tr><td rowspan="5">3. 选其中一个品种制作</td><td rowspan="2">米制品制作</td><td rowspan="5">15</td><td>3-1 米水配制</td><td rowspan="2">选作一款本级别米制品</td><td rowspan="5">20</td><td rowspan="2">实操</td><td rowspan="2">选考</td><td rowspan="2">Y</td></tr>
<tr><td>3-2 饭粥熟制</td></tr>
<tr><td rowspan="3">杂粮品种制作</td><td>4-1 面坯调制</td><td rowspan="3">选作一款本级别杂粮制品</td><td rowspan="3">实操</td><td rowspan="3">选考</td><td rowspan="3">Y</td></tr>
<tr><td>4-2 生坯成型</td></tr>
<tr><td>4-3 产品成熟</td></tr>
</table>

重要程度说明：

“X”表示核心要素，是鉴定中最重要、出现频率最高的内容，具有必备性、典型性的特点。“Y”表示一般要素，是鉴定中一般重要的内容。“Z”表示辅助要素，是鉴定中重要程度较低的内容。

2.3.4 四级 / 中级理论知识培训考核规范

<table>
<tr><th>考核范围</th><th>考核比重（%）</th><th>考核内容</th><th>考核比重（%）</th><th>考核单元</th></tr>
<tr><td rowspan="8">1. 馅心制作</td><td rowspan="8">23</td><td rowspan="5">1-1 原料选择</td><td rowspan="5">12</td><td>（1）馅心的概念和特点</td></tr>
<tr><td>（2）馅心的分类及包馅比例</td></tr>
<tr><td>（3）选用植物性制馅原料</td></tr>
<tr><td>（4）选用动物性制馅原料</td></tr>
<tr><td>（5）选用制馅调味料</td></tr>
<tr><td rowspan="3">1-2 原料加工</td><td rowspan="3">4</td><td>（1）生拌类咸馅原料择洗、去皮</td></tr>
<tr><td>（2）生拌类咸馅原料细碎加工</td></tr>
<tr><td>（3）生拌类原料焯水、脱水处理</td></tr>
</table>

续表

考核范围	考核比重（%）	考核内容	考核比重（%）	考核单元
1. 馅心制作	23	1–3　口味调制	7	（1）调制生拌类咸馅
				（2）制作糖油馅
				（3）制作果仁蜜饯馅
2. 水调面品种制作	12	2–1　面坯调制	4	（1）对热水面坯进行配料
				（2）调制热水面坯
		2–2　生坯成型	4	（1）有馅类冷水面生坯成型
				（2）有馅类温水面生坯成型
				（3）有馅类热水面生坯成型
		2–3　产品成熟	4	（1）煮制有馅类水调面坯制品
				（2）烙制有馅类水调面坯制品
				（3）炸制有馅类水调面坯制品
				（4）煎制有馅类水调面坯制品
3. 膨松面品种制作	18	3–1　面坯调制	7	（1）按配方对化学膨松面坯进行配料
				（2）按程序调制化学膨松面坯
		3–2　生坯成型	6	（1）无馅类化学膨松制品生坯成型
				（2）有馅类生物膨松制品生坯成型
				（3）有馅类生物膨松制品生坯成型
		3–3　产品成熟	5	（1）蒸制化学膨松制品
				（2）烤制化学膨松制品
				（3）炸制有馅类生物膨松制品
				（4）煎制有馅类生物膨松制品
4. 层酥面品种制作	25	4–1　面坯调制	10	（1）水油皮酥类面坯配料
				（2）调制水油皮层酥类面坯
				（3）酵面层酥类面坯配料
				（4）调制酵面层酥类面坯
		4–2 生坯成型	8	（1）用大包酥的方法制作水油皮层酥暗酥
				（2）用大包酥的方法制作酵面层酥暗酥
				（3）用暗酥的方法成型层酥面生坯
		4–3　产品成熟	7	（1）烤制暗酥类制品
				（2）烙制暗酥类制品

续表

<table>
<tr><th>考核范围</th><th>考核比重（%）</th><th>考核内容</th><th>考核比重（%）</th><th>考核单元</th></tr>
<tr><td rowspan="7">5. 米制品制作</td><td rowspan="7">12</td><td rowspan="3">5-1　面坯调制</td><td rowspan="3">5</td><td>（1）米粉面坯配料</td></tr>
<tr><td>（2）调制生粉坯</td></tr>
<tr><td>（3）调制熟粉坯</td></tr>
<tr><td rowspan="2">5-2　生胚成型</td><td rowspan="2">4</td><td>（1）制作生粉团生坯</td></tr>
<tr><td>（2）制作熟粉团生坯</td></tr>
<tr><td rowspan="2">5-3　产品成熟</td><td rowspan="2">3</td><td>（1）熟制生粉团类制品</td></tr>
<tr><td>（2）熟制熟粉团类制品</td></tr>
<tr><td rowspan="9">6. 杂粮品种制作</td><td rowspan="9">10</td><td rowspan="3">1-1　面坯调制</td><td rowspan="3">4</td><td>（1）调制莜麦类面坯</td></tr>
<tr><td>（2）调制荞麦类面坯</td></tr>
<tr><td>（3）调制蔬果类面坯</td></tr>
<tr><td rowspan="3">1-2　生坯成型</td><td rowspan="3">3</td><td>（1）制作莜麦类面点生坯</td></tr>
<tr><td>（2）制作荞麦类面点生坯</td></tr>
<tr><td>（3）调制蔬果类面点生坯</td></tr>
<tr><td rowspan="3">1-3　产品成熟</td><td rowspan="3">3</td><td>（1）熟制莜面类制品</td></tr>
<tr><td>（2）熟制荞麦类制品</td></tr>
<tr><td>（3）熟制蔬果类制品</td></tr>
</table>

2.3.5　四级 / 中级操作技能考核规范

<table>
<tr><th>考核范围</th><th>考核比重（%）</th><th colspan="2">考核内容</th><th>考核比重（%）</th><th>考核形式</th><th>选考方式</th><th>考核时间（分钟）</th><th>重要程度</th></tr>
<tr><td>基本素质</td><td>5</td><td colspan="2">岗前准备和工作卫生</td><td>5</td><td>实操</td><td>必考</td><td>过程考试</td><td>Z</td></tr>
<tr><td rowspan="4">1. 水调面品种制作（含馅心制作）</td><td rowspan="4">30</td><td>1-2　馅心制作（现场）</td><td>制作一款咸馅心</td><td>10</td><td>实操</td><td>必考</td><td rowspan="7">150</td><td>Y</td></tr>
<tr><td>2-1　面坯调制</td><td rowspan="3">制作一款本级别带咸馅的水调面制品</td><td rowspan="3">20</td><td rowspan="3">实操</td><td rowspan="3">必考</td><td rowspan="3">X</td></tr>
<tr><td>2-2　生坯成型</td></tr>
<tr><td>2-3　产品成熟</td></tr>
<tr><td rowspan="3">2. 膨松面品种制作</td><td rowspan="3">25</td><td>3-1　面坯调制</td><td rowspan="3">制作一款本级别膨松面制品</td><td rowspan="3">25</td><td rowspan="3">实操</td><td rowspan="3">必考</td><td rowspan="3">X</td></tr>
<tr><td>3-2　生坯成型</td></tr>
<tr><td>3-3　产品成熟</td></tr>
</table>

续表

考核范围		考核比重（%）	考核内容		考核比重（%）	考核形式	选考方式	考核时间（分钟）	重要程度
3. 层酥面品种制作		25	4-1　面坯调制	制作一款本级别层酥面制品	25	实操	必考	150	X
			4-2　生坯成型						
			4-3　产品成熟						
4. 选其中一个品种制作	米制品制作	15	5-1　面坯调制	选作一款本级别米制品	15	实操	选考		Y
			5-2　生胚成型						
			5-3　产品成熟						
	杂粮品种制作		6-1　面坯调制	选作一款本级别杂粮制品		实操	选考		Y
			6-2　生坯成型						
			6-3　产品成熟						

2.3.6　三级 / 高级理论知识培训考核规范

考核范围	考核比重（%）	考核内容	考核比重（%）	考核单元
1. 馅心制作	10	1-1　原料加工	4	（1）对熟馅原料进行初加工
				（2）对熟馅原料进行熟制处理
		1-2　馅心熟制	6	（1）制作熟甜馅
				（2）制作熟咸馅
				（3）制作卤臊浇头
2. 水调面品种制作	15	2-1　面坯调制	3	（1）根据工艺要求调整水调面坯配方
				（2）根据条件选择合适的水温调制面坯
				（3）根据原料品种特点调制各种水调面坯
		1-2　生坯成型	4	（1）制作具有良好筋力的水调面生坯
				（2）制作浆糊类的水调面生坯
		1-3　产品成熟	3	（1）根据品种调整熟制时油温
				（2）根据品种调整熟制时的火候

续表

考核范围	考核比重（%）	考核内容	考核比重（%）	考核单元
3. 膨松面品种制作	15	3-1　面坯调制	5	（1）根据工艺要求调整生物膨松面坯配方
				（2）根据环境温度调整生物膨松面坯配方与工艺
				（3）采用面肥或酵母调制发酵面坯
				（4）物理膨松面坯配料
				（5）调制物理膨松面坯
		3-2　生坯成型	5	（1）物理膨松面生坯成型
				（2）有馅类造型生物膨松面生坯成型
		3-3　产品成熟	5	（1）蒸制物理膨松制品
				（2）烤制物理膨松制品
				（3）熟制造型生物膨松制品
				（4）根据不同品种调整烤炉炉温
4. 层酥面品种制作	25	4-1　面坯调制	10	（1）根据制品特点调整水油皮配方
				（2）根据制品特点调整酵面层酥面坯配方
				（3）调制擘酥面坯
		4-2　生坯成型	8	（1）用大包酥的方法制作水油皮明酥
				（2）用小包酥的方法制作水油皮明酥
				（3）用叠酥的方法制作水油皮明酥
				（4）用叠酥的方法制作擘酥
				（5）制作明酥类直酥生坯
				（6）制作明酥类圆酥生坯

续表

考核范围	考核比重（%）	考核内容	考核比重（%）	考核单元
4. 层酥面品种制作	25	4–3 产品成熟	7	（1）烤制明酥类制品
				（2）炸制明酥类制品
				（3）烙制明酥类制品
5. 米制品制作	10	5–1 面坯调制	4	（1）调制黏质糕粉团
				（2）调制松质糕粉团
		5–2 生胚成型	3	（1）制作黏质糕粉团生胚
				（2）调制松质糕粉团生胚
		5–3 产品成熟	3	（1）熟制黏质糕粉团制品
				（2）熟制松质糕粉团制品
6. 其他面坯品种制作	20	6–1 面坯调制	8	（1）调制薯类面坯
				（2）调制澄粉类面坯
				（3）调制混酥类面坯
				（4）调制浆皮类面坯
				（5）调制豆类面坯
				（6）调制鱼虾蓉类面坯
				（7）调制羹汤、胶冻
		6–2 生坯成型	7	（1）制作薯类生坯
				（2）制作澄粉类生坯
				（3）制作混酥类生坯
				（4）制作浆皮类生坯
				（5）制作豆类生坯
				（6）制作鱼虾蓉类生坯
				（7）制作胶冻制品
		6–3 产品成熟	5	（1）熟制薯类制品
				（2）熟制澄粉类制品
				（3）熟制混酥类制品
				（4）熟制浆皮类制品
				（5）熟制豆类制品

续表

考核范围	考核比重（%）	考核内容	考核比重（%）	考核单元
6. 其他面坯品种制作	20	6–3　产品成熟	5	（6）熟制鱼虾蓉类制品
				（7）熟制羹汤制品
7. 面点装饰	5	7–1　成品装盘	5	（1）搭配装盘图形
				（2）用挤、捏等方法做盘装饰

2.3.7　三级 / 高级操作技能考核规范

考核范围		考核比重（%）	考核内容		考核比重（%）	考核形式	选考方式	考核时间（分钟）	重要程度
基本素质		5	岗前准备和工作卫生		5	实操	必考	过程考试	Z
1. 水调面品种制作		20	2–1　面坯调制	制作一款本级别的水调面制品	20	实操	必考	150	X
			2–2　生坯成型						
			2–3　产品成熟						
2. 膨松面品种制作（含馅心制作）		25	1–2　馅心制作（现场）	制作一款本级别带馅膨松面制品	10	实操	必考		Y
			3–1　面坯调制						
			3–2　生坯成型						
			3–3　产品成熟						
3. 层酥面品种制作（含装饰）		30	4–1　面坯调制	制作一款本级别层酥面制品并对此制品进行装饰	30	实操	必考		X
			4–2　生坯成型						
			4–3　产品成熟						
			7–2　成品装饰						
4. 选其中一个品种制作	米制品制作	20	5–1　面坯调制	选作一款本级别米制品	20	实操	选考		Y
			5–2　生胚成型						
			5–3　产品成熟						
	其他面坯品种制作		6–1　面坯调制	选作一款本级别其他面坯制品		实操	选考		Y
			6–2　生坯成型						
			6–3　产品成熟						

2.3.8　二级 / 技师理论知识培训考核规范

考核范围	考核比重（%）	考核内容	考核比重（%）	考核单元
1. 风味面点制作	25	1-1　原料选择与利用	4	（1）根据面点品种特点选择原料
			4	（2）根据地方特色和季节选择原料
			8	（3）根据原料的特性搭配原料
		面点制作	4	（1）制作本地区传统风味面点
				（2）制作其他风味流派的特色名点
2. 菜单设计与创新	25	2-1　菜单设计	13	（1）根据服务对象的特点及要求选择面点品种 （2）根据季节特点选择面点品种
		2-2　面点创新	7	（1）结合当地的饮食习惯和原料特性设计制作面点
				（2）结合服务对象和宴会主题设计制作面点
3. 面点装饰	10	3-1　点心装饰	4	（1）运用面点成型技法装饰美化制品
				（2）依据服务对象和宴会主题要求装饰美化制品
		3-2　装盘与装饰	6	（1）依据宴席主题设计装盘造型
				（2）利用各类原料制作盘饰及立体装饰物
4. 厨房管理	20	4-1　成本管理	12	（1）提出厨房产品成本控制的措施
				（2）填写厨房成本核算报表
				（3）编制成本控制方案
		4-2　厨房生产管理	8	（1）对厨房生产各阶段的运转制定管理细则
				（2）编制标准食谱
				（3）根据厨房生产各阶段的要求控制厨房出品秩序

续表

考核范围	考核比重（%）	考核内容	考核比重（%）	考核单元
5. 培训与指导	20	5-1 培训	10	（1）制订培训计划
				（2）讲授专业基础知识和技能要求
				（3）撰写面点工艺方面论文
		5-2 指导	10	（1）指导五级 / 初级中式面点师工作
				（2）指导四级 / 中级中式面点师工作
				（3）指导三级 / 高级中式面点师工作

2.3.9 二级 / 技师操作技能考核规范

考核范围	考核比重（%）	考核内容		考核比重（%）	考核形式	选考方式	考核时间（分钟）	重要程度
1. 风味面点制作	40	1-1 原料选择与利用	制作两款风味面点，其中一款为本地特色面点，另一款为其他地区风味面点	40	实操	必考	180	X
		1-2 面点制作						
2. 菜单设计与创新	10	2-1 菜单设计	根据某个宴会主题，搭配面点品种（含本考核制作的两款面点）	10	试卷	必考		Y
3. 面点装饰	20	3-1 点心装饰	对上述两款风味面点中的一款进行装饰，需采用面塑或巧克力或糖艺工艺的立塑方法进行装饰	20	实操	必考		X
		3-2 装盘与装饰						
4. 厨房管理	10	4-2 厨房生产管理	编制本地面点食谱	10	试卷	必考		Y
5. 培训与指导	20	5-1 培训	现场讲述所设计的面点菜单	20	实践	必考		
		5-2 指导						

2.3.10 一级 / 高级技师理论知识培训考核规范

<table>
<tr><th>考核范围</th><th>考核比重（%）</th><th>考核内容</th><th>考核比重（%）</th><th>考核单元</th></tr>
<tr><td rowspan="4">1. 菜点生产</td><td rowspan="4">35</td><td rowspan="2">1-1 面点创新</td><td rowspan="2">20</td><td>（1）结合本地区的实际情况，运用新原料设计制作创新产品</td></tr>
<tr><td>（2）结合本地区的实际情况，运用新技法设计制作创新产品</td></tr>
<tr><td rowspan="2">1-2 热菜制作</td><td rowspan="2">10</td><td>（1）用煎、炒、炸等方法制作本地基础菜肴</td></tr>
<tr><td>（2）用煮、蒸、氽等方法制作本地特色菜肴</td></tr>
<tr><td rowspan="4">2. 展台设计</td><td rowspan="4">30</td><td rowspan="2">2-1 主题设计</td><td rowspan="2">15</td><td>（1）能依据主题要求设计展台中的面点作品</td></tr>
<tr><td>（2）能依据展台要求设计面点种类</td></tr>
<tr><td rowspan="2">2-2 展台布置</td><td rowspan="2">15</td><td>（1）制作立体装饰物</td></tr>
<tr><td>（2）对主题展台进行装饰</td></tr>
<tr><td rowspan="7">3. 厨房管理</td><td rowspan="7">35</td><td rowspan="3">3-1 厨房布局设计</td><td rowspan="3">10</td><td>（1）精确选择面点设施设备</td></tr>
<tr><td>（2）合理设计面点厨房的布局</td></tr>
<tr><td>（3）指出影响厨房布局的因素</td></tr>
<tr><td rowspan="2">3-2 人员组织</td><td rowspan="2">10</td><td>（1）合理配备厨房各岗位人员</td></tr>
<tr><td>（2）制定各岗位职责及管理办法</td></tr>
<tr><td rowspan="2">3-3 产品质量管理</td><td rowspan="2">10</td><td>（1）制定产品质量评价标准并执行解决质量问题的方案</td></tr>
<tr><td>（2）对产品质量进行针对性控制</td></tr>
</table>

2.3.11 一级 / 高级技师操作技能考核规范

<table>
<tr><th>考核范围</th><th>考核比重（%）</th><th colspan="2">考核内容</th><th>考核比重（%）</th><th>考核形式</th><th>选考方式</th><th>考核时间（分钟）</th><th>重要程度</th></tr>
<tr><td>1. 菜点生产</td><td>60</td><td>1-1 面点创新</td><td>制作两款面点，一款为其他地区带馅的面点；另一款为自己创新的带馅的面点</td><td>40</td><td>实操</td><td>必考</td><td>180</td><td>X</td></tr>
</table>

续表

<table>
<tr><th>考核范围</th><th>考核比重（%）</th><th colspan="2">考核内容</th><th>考核比重（%）</th><th>考核形式</th><th>选考方式</th><th>考核时间（分钟）</th><th>重要程度</th></tr>
<tr><td>1. 菜点生产</td><td>60</td><td>1-2 热菜制作</td><td>制作一款能体现刀工和火候的主食</td><td>20</td><td>实操</td><td>必考</td><td rowspan="4">180</td><td>Y</td></tr>
<tr><td rowspan="2">2. 展台设计</td><td rowspan="2">20</td><td>2-1 主题设计</td><td>针对自己制作的面点设计一款立体装饰物，并写出制作原料与工艺流程</td><td>10</td><td>笔试</td><td>必考</td><td>Y</td></tr>
<tr><td>2-2 展台布置</td><td>现场制作设计的立体装饰物并放入展台</td><td>10</td><td>实操</td><td>必考</td><td>Y</td></tr>
<tr><td>3. 厨房管理</td><td>20</td><td>3-3 产品质量管理</td><td>对本次制作的产品进行现场答辩</td><td>20</td><td>实践</td><td>必考</td><td>X</td></tr>
</table>

注：高级技师技能考核建议采用机构考核和企业评价相结合的方法。

附录

培训要求与课程规范对照表

附录 1　职业基本素质培训要求与课程规范对照表

<table>
<tr><th colspan="3">2.1.1　职业基本素质培训要求</th><th colspan="4">2.2.1　职业基本素质培训课程规范</th></tr>
<tr><th>职业基本素质模块（模块）</th><th>培训内容（课程）</th><th>培训细目</th><th>学习单元</th><th>课程内容</th><th>培训建议</th><th>课堂学时</th></tr>
<tr><td rowspan="2">1. 职业认知与职业守则</td><td>1-1　职业认知</td><td>（1）中式面点师职业定义
（2）中式面点师工作内容
（3）中式面点师职业发展现状</td><td rowspan="2">职业认知与职业守则</td><td>1）职业认知
①职业定义
②工作内容
③职业发展现状</td><td rowspan="2">（1）方法：讲授法、演示法、案例教学法、讨论法
（2）重点：中式面点师工作内容和职业守则
（3）难点：自觉遵守职业守则</td><td rowspan="2">1</td></tr>
<tr><td>1-2　职业守则</td><td>职业守则的基本内容</td><td>2）职业守则
①忠于职守，爱岗敬业
②讲究质量，注重信誉
③遵纪守法，讲究公德
④尊师爱徒，团结协作
⑤精益求精，追求极致
⑥积极进取，开拓创新</td></tr>
<tr><td rowspan="5">2. 饮食营养知识</td><td rowspan="4">2-1　人体需要的热能和营养素</td><td rowspan="4">（1）人体能量需要、摄入量及食物来源
（2）宏量营养素的功能、摄入量及食物来源
（3）微量营养素的功能、摄入量及食物来源
（4）水和膳食纤维的功能、摄入量及食物来源</td><td rowspan="4">能量与人体必需的营养素</td><td>1）能量
①人体能量的需要
②能量的食物来源与推荐摄入量</td><td rowspan="4">（1）方法：讲授法、问题导入法、讨论法
（2）重点：基础代谢影响因素，食物特殊动力作用，各种营养素的生理功能与食物来源，蛋白质互补作用，食物蛋白质营养评价，膳食脂肪的营养评价，营养素的缺乏症
（3）难点：中国成人活动水平的分级以及正确看待膳食纤维的作用</td><td rowspan="4">4</td></tr>
<tr><td>2）宏量营养素
①蛋白质
②脂肪
③碳水化合物</td></tr>
<tr><td>3）微量营养素
①矿物质
②维生素</td></tr>
<tr><td>4）水和膳食纤维
①水
②膳食纤维</td></tr>
<tr><td>2-2　各类烹饪原料的营养特点</td><td>（1）植物性原料的营养特点</td><td>各类烹饪原料的营养</td><td>1）植物性原料的营养
①谷类的营养
②豆类及其制品的营养
③果蔬类原料的营养</td><td>（1）方法：讲授法、案例教学法、讨论法
（2）重点：各类动、植物性原料的营养特点</td><td>1</td></tr>
</table>

续表

2.1.1　职业基本素质培训要求			2.2.1　职业基本素质培训课程规范			
职业基本素质模块（模块）	培训内容（课程）	培训细目	学习单元	课程内容	培训建议	课堂学时
2. 饮食营养知识	2-2　各类烹饪原料的营养特点	（2）动物性原料的营养特点	各类烹饪原料的营养	2）动物性原料的营养 ①畜禽类原料的营养 ②水产原料的营养 ③蛋类及其制品的营养 ④奶类及其制品的营养	（3）难点：动、植物性原料的合理应用	
	2-3　营养素在烹饪中的变化	（1）蛋白质在烹饪中的变化 （2）脂肪在烹饪中的变化 （3）碳水化合物在烹饪中的变化 （4）维生素在烹饪中的变化 （5）矿物质和水在烹饪中的变化	各类营养素在烹饪中的变化	1）蛋白质在烹饪中的变化	（1）方法：讲授法、案例教学法、问题导入法、讨论法 （2）重点：蛋白质、脂肪、碳水化合物在烹饪中的变化 （3）难点：蛋白质、碳水化合物和水在烹饪中的变化应用	1
				2）脂肪在烹饪中的变化		
				3）碳水化合物在烹饪中的变化		
				4）其他营养素在烹饪中的变化 ①水在烹饪中的变化 ②维生素在烹饪中的变化 ③矿物质在烹饪中的变化		
	2-4　平衡膳食与科学配餐	（1）平衡膳食的要求 （2）科学配餐的原则和技巧	平衡膳食与科学配餐	1）平衡膳食 ①平衡膳食的概念 ②平衡膳食的要求	（1）方法：讲授法、案例教学法 （2）重点：平衡膳食的要求及科学配餐的原则 （4）难点：灵活掌握科学配餐技巧	1
				2）科学配餐 ①科学配餐的原则 ②科学配餐的技巧		
	2-5　中国居民膳食指南的应用	（1）中国居民膳食指南 （2）中国居民平衡膳食宝塔 （3）应用膳食指南和膳食宝塔指导日常膳食	中国居民膳食指南和膳食宝塔的应用	1）《中国居民膳食指南（2016）》的内容	（1）方法：讲授法、案例教学法 （2）重点：理解和掌握膳食指南和膳食宝塔的内容 （5）难点：膳食指南和膳食宝塔的灵活应用	1
				2）《中国居民膳食宝塔（2016）》的内容		
				3）应用膳食指南和膳食宝塔指导日常膳食		

续表

2.1.1 职业基本素质培训要求			2.2.1 职业基本素质培训课程规范			
职业基本素质模块（模块）	培训内容（课程）	培训细目	学习单元	课程内容	培训建议	课堂学时
3. 食品安全知识	3–1 食品污染及其控制、预防措施	（1）食品污染的概念 （2）食品污染的分类 （3）食品污染的途径 （4）食品污染的防控措施	食品污染途径及其防控	1）食品污染的概念、途径及分类 2）生物性污染物污染食品的途径及其防控措施 3）物理性污染物污染食品的途径及其防控措施 4）化学性污染物污染食品的途径及其防控措施	（1）方法：讲授法、案例教学法 （2）重点：食品污染的途径及其防控措施 （3）难点：食品污染的防控措施	2
	3–2 食品的腐败变质及其控制、预防措施	（1）食品腐败变质的概念 （2）食品腐败变质的现象及危害 （3）食品腐败变质的原因 （4）预防食品腐败变质的措施	食品腐败变质及其防控	1）食品腐败变质的概念 2）食品腐败变质的现象及危害 3）食品腐败变质的原因 4）预防食品腐败变质的措施	（1）方法：讲授法、案例教学法 （2）重点：食品腐败变质的原因 （3）难点：预防食品腐败变质的措施	1
	3–3 食物中毒及其控制、预防措施	（1）食物中毒的概念、特点及类型 （2）细菌性食物中毒的安全控制 （3）霉菌性食物中毒的安全控制 （4）化学性食物中毒的安全控制 （5）有毒动植物食物中毒的安全控制 （6）食物中毒的应对措施	食物中毒及其预防	1）食物中毒的概念、特点及类型 2）细菌性食物中毒的原因及其预防措施 3）霉菌性食物中毒的原因及其预防措施 4）化学性食物中毒的原因及其预防措施 5）有毒动植物食物中毒的原因及其预防措施 6）食物中毒应对措施	（1）方法：讲授法、案例教学法 （2）重点：食物中毒的特点、原因，以及面点中常见细菌性食物中毒和化学性食物中毒的原因 （3）难点：预防食物中毒的措施及食物中毒应对措施	2
	3–4 烹饪原料的安全	（1）粮豆食品的安全控制 （2）食用油脂的安全控制 （3）乳品的安全控制 （4）肉类食品的安全控制 （5）蛋品的安全控制	烹饪原料的安全	1）粮豆食品主要卫生问题及其控制措施 2）食用油脂主要卫生问题及其控制措施 3）乳品主要卫生问题及其控制措施 4）肉类食品主要卫生问题及其控制措施 5）蛋类食品主要卫生问题及其控制措施	（1）方法：讲授法、案例教学法、演示法、问题导入法 （2）重点与难点：烹饪原料主要卫生问题的控制措施	1

续表

2.1.1　职业基本素质培训要求			2.2.1　职业基本素质培训课程规范			
职业基本素质模块（模块）	培训内容（课程）	培训细目	学习单元	课程内容	培训建议	课堂学时
3. 食品安全知识	3-5　烹饪过程的安全	（1）厨师卫生素养 （2）厨具卫生要求 （3）面团制作过程的安全控制 （4）馅料制作过程的安全控制 （5）面点成型加工过程中的安全控制 （6）面点成熟过程中的安全控制	面点食品制作过程中的安全控制	1）厨师、厨具的卫生要求 2）面团制作过程中的主要卫生问题及其控制措施 3）馅料制作过程中的主要卫生问题及其控制措施 4）面点成型加工过程中的主要卫生问题及其控制措施 5）面点成熟过程中的主要卫生问题及其控制措施	（1）方法：讲授法、演示法、案例教学法、问题导入法 （2）重点：厨师的卫生要求，抹布和案板的清洗消毒，加工过程中的安全控制 （3）难点：加工过程中有害物质的安全控制	1
	3-6　烹饪成品的安全	（1）烹饪成品保存条件 （2）烹饪成品保存期限	烹饪成品的保存	1）保存温度 2）保存湿度 3）包装材料 4）保藏期限 5）保质期	（1）方法：讲授法、演示法、案例教学法 （2）重点：烹饪成品的保存条件 （3）难点：具体品种的保存条件	1
4. 餐饮业成本核算知识	4-1　餐饮业的成本概念	（1）成本与餐饮成本 （2）餐饮成本核算	餐饮成本的概念及其核算方法	1）成本与餐饮成本 ①成本 ②餐饮成本 2）餐饮成本核算 ①成本核算的意义 ②成本核算的任务 ③成本核算的方法	（1）方法：讲授法、演示法、案例教学法 （2）重点：餐饮成本的特点及其核算方法 （3）难点：餐饮成本核算方法	2
	4-2　出材率的基本知识	（1）出材率的概念、计算方法及应用 （2）损耗率的概念和计算方法 （3）出材率与损耗率的关系	出材率基本知识	1）出材率 ①概念 ②计算方法 ③影响因素 ④应用 2）损耗率 ①概念 ②计算方法 3）出材率与损耗率的换算	（1）方法：讲授法、演示法 （2）重点：出材率的计算以及出材率与损耗率的换算 （3）难点：出材率与损耗率的换算	1

续表

2.1.1 职业基本素质培训要求			2.2.1 职业基本素质培训课程规范			
职业基本素质模块（模块）	培训内容（课程）	培训细目	学习单元	课程内容	培训建议	课堂学时
4. 餐饮业成本核算知识	4–3 净料成本的计算	（1）生料、净料的概念 （2）计算生料、净料单位成本 （3）计算生料、净料成本	计算净料成本	1）净料的概念 2）生料的概念 3）生料单位成本计算 4）净料单位成本计算	（1）方法：讲授法、演示法 （2）重点与难点：生料和净料成本计算方法	1
	4–4 成品成本的计算	（1）计算单位成品成本 （2）计算菜点总成本	计算成品成本	1）单一菜点的成本计算 ①批量制作单一菜点的成本计算 ②单件制作单一菜点的成本计算 2）菜点总成本的计算	（1）方法：讲授法、演示法 （2）重点：单一菜点成本计算方法 （3）难点：批量制作单一菜点的成本计算	2
5. 安全生产知识	5–1 厨房设备安全操作知识	（1）面点厨房常用加热设备安全操作方法及维护 （2）面点厨房常用电气设备安全操作方法及维护	面点厨房常用设备的安全操作及维护	1）常用加热设备的安全操作及维护 ①电热烤箱 ②万能蒸烤箱 ③醒发箱 ④炸炉 ⑤电磁炉 ⑥燃气灶 ⑦电饼铛 2）常用电气设备的安全操作及维护 ①冷冻柜 ②冷藏柜 ③绞肉机 ④轧皮机 ⑤开酥机 ⑥搅拌机	（1）方法：讲授法、演示法 （2）重点与难点：常用设备安全操作方法	1
	5-2 用电、用气安全知识	（1）安全用电知识 （2）安全用气知识	安全用电、用气	1）安全用电 ①触电的概念 ②触电救护方法 2）安全用气 ①燃气灶的点火安全 ②煤气钢瓶的安全放置 ③燃气灶具漏气的处理	（1）方法：讲授法、演示法、案例教学法 （2）重点：厨师常规安全用电、燃气灶点火安全及漏气处理程序 （3）难点：触电救护方法	1

续表

2.1.1 职业基本素质培训要求			2.2.1 职业基本素质培训课程规范			
职业基本素质模块（模块）	培训内容（课程）	培训细目	学习单元	课程内容	培训建议	课堂学时
5. 安全生产知识	5–3 防火防爆安全知识	（1）防火安全知识 （2）防爆安全知识	防火与防爆安全知识	1）防火安全知识 ①预防由燃料引起的火灾 ②预防由电器引起的火灾 ③使用手提式灭火器 2）防爆安全知识 ①预防微波炉爆炸 ②预防高压锅爆炸	（1）方法：讲授法、案例教学法 （2）重点与难点：灭火器的使用，火灾的预防及燃气爆炸的预防	1
	5–4 机械设备与手动工具的安全使用知识	（1）面点厨房机械设备的安全使用知识 （2）面点厨房手动工具的安全使用知识	机械设备与手动工具的安全使用	1）机械设备的安全使用 2）手动工具的安全使用	（1）方法：讲授法、演示法、案例教学法 （2）重点与难点：机械设备与手动设备操作安全	1
6. 相关法律、法规知识	6–1 《中华人民共和国劳动法》相关知识	（1）《中华人民共和国劳动法》概述 （2）劳动合同、工资、工作时间和休假等重要内容解释	食品安全相关法律、法规	1）《中华人民共和国劳动法》概述及重要内容解释	（1）方法：讲授法、案例教学法 （2）重点与难点：相关法律、法规重要内容解释	1
	6–2 《中华人民共和国食品安全法》相关知识	（1）《中华人民共和国食品安全法》概述 （2）食品安全标准和食品生产经营 （3）监督管理和法律责任		2）《中华人民共和国食品安全法》概述及重要内容解释		
	6–3 《食品生产许可管理办法》相关知识	（1）《食品生产许可管理办法》概述 （2）申请流程、许可证管理、法律责任等重要内容解释		3）《食品生产许可管理办法》概述及重要内容解释		
	6–4 《中华人民共和国环境保护法》相关知识	《中华人民共和国环境保护法》概述及重要内容解释		4）《中华人民共和国环境保护法》概述及重要内容解释		
	6–5 《餐饮服务食品安全操作规范》相关知识	《餐饮服务食品安全操作规范》概述及重要内容解释		5）《餐饮服务食品安全操作规范》概述及重要内容解释		
课堂学时合计						28

附录 2　五级 / 初级职业技能培训要求与课程规范对照表

2.1.2　五级 / 初级职业技能培训要求				2.2.2　五级 / 初级职业技能培训课程规范			
职业功能模块（模块）	培训内容（课程）	技能目标	培训细目	学习单元	课程内容	培训建议	课堂学时
1. 水调面品种制作	1-1　面坯调制	1-1-1　能对冷水面坯配料	（1）正确选择面粉 （2）正确使用和面机 （3）正确使用轧面机 （4）正确使用秤 （5）正确使用擀面杖 （6）正确使用量杯 （7）冷水面坯配料	（1）正确选择面粉与使用设备工具	1）面粉基础知识	（1）方法：讲授法、演示法 （2）重点与难点：机械设备的使用方法	2
					2）机械设备和工具的使用 ①和面机 ②轧面机 ③秤 ④擀面杖 ⑤量杯		
		1-1-2　能调制冷水面坯	调制冷水面坯	（2）调制冷水面坯	1）水调面坯基础知识 ①概念 ②分类 ③特点	（1）方法：讲授法、演示法、实训（练习）法 （2）重点：掌握水温 （3）难点：调制冷水面坯的方法	2
					2）调制冷水面坯 ①冷水面坯配料 ②冷水面坯的调制方法 ③调制冷水面坯的质量要求		
		1-1-3　能对温水面坯配料	温水面坯配料	（3）调制温水面坯	1）温水面坯配料	（1）方法：讲授法、演示法 （2）重点：掌握水温 （3）难点：调制温水面坯的方法	2
					2）温水面坯的调制方法		
		1-1-4　能调制温水面坯	调制温水面坯		3）调制温水面坯的质量要求		
	1-2　生坯成型	1-2-1　能制作饺子皮	（1）揉面 （2）搓条 （3）下剂 （4）擀制饺子皮	（1）生坯成型基本方法	1）揉面 ①概念 ②分类 ③方法 ④质量要求	（1）方法：讲授法、演示法	8
					2）搓条 ①概念 ②分类 ③方法 ④质量要求		

续表

2.1.2 五级 / 初级职业技能培训要求				2.2.2 五级 / 初级职业技能培训课程规范			
职业功能模块（模块）	培训内容（课程）	技能目标	培训细目	学习单元	课程内容	培训建议	课堂学时
1. 水调面品种制作	1-2 生坯成型	1-2-2 能制作馄饨皮	（1）揉面 （2）搓条 （3）下剂 （4）擀制馄饨皮	（1）生坯成型基本方法	3）下剂 ①概念 ②分类 ③方法 ④质量要求	（2）重点与难点：生坯成型的基本方法	
					4）制皮 ①概念 ②分类 ③方法 ④质量要求		
				（2）制作面点生坯	1）制作饺子皮 ①操作准备 ②操作步骤 ③注意事项	（1）方法：讲授法、演示法、实训（练习）法 （2）重点：饺子皮、馄饨皮、烧麦皮、手擀面的制作方法 （3）难点：特色面点生坯的制作方法	16
					2）制作馄饨皮 ①操作准备 ②操作步骤 ③注意事项 ④特色馄饨皮制作		
		1-2-3 能制作烧麦皮	（1）揉面 （2）搓条 （3）下剂 （4）擀制烧麦皮		3）制作烧麦皮 ①操作准备 ②操作步骤 ③注意事项 ④特色烧麦皮制作		
		1-2-4 能制作面条	（1）揉面 （2）搓条 （3）下剂 （4）擀制面条		4）制作手擀面 ①操作准备 ②操作步骤 ③注意事项		
	1-3 产品成熟	1-3-1 能用煮制法成熟无馅类水调面坯制品	（1）正确使用炉灶和煮制工具 （2）煮制无馅类水调面坯制品	（1）煮制无馅类水调面坯制品	1）煮制设备与工具 ①常用炉灶 ②电磁炉灶 ③水锅 ④汤锅 ⑤水勺 ⑥漏勺 ⑦不锈钢煮面斗 ⑧捞面筷	（1）方法：讲授法、演示法、实训（练习）法 （2）重点与难点：煮制方法	4

续表

2.1.2 五级 / 初级职业技能培训要求				2.2.2 五级 / 初级职业技能培训课程规范			
职业功能模块（模块）	培训内容（课程）	技能目标	培训细目	学习单元	课程内容	培训建议	课堂学时
1. 水调面品种制作	1-3 产品成熟				2）熟制方法——煮 ①概念 ②分类 ③方法 ④技术关键		
		1-3-2 能用烙制法成熟无馅类水调面坯制品	（1）正确使用铛和烙制工具 （2）烙制无馅类水调面坯制品	（2）烙制无馅类水调面坯制品	1）烙制设备与工具 ①电饼铛 ②煎铲 2）熟制方法——烙 ①概念 ②分类 ③方法 ④技术关键	（1）方法：讲授法、演示法、实训（练习）法 （2）重点与难点：烙制方法	4
		1-3-3 能用炸制法成熟无馅类水调面坯制品	（1）正确使用炸锅和炸制工具 （2）炸制无馅类水调面坯制品	（3）炸制无馅类水调面坯制品	1）炸制设备与工具 ①炸锅 ②炸制工具 2）熟制方法——炸 ①概念 ②分类 ③方法 ④技术关键	（1）方法：讲授法、演示法、实训（练习）法 （2）重点与难点：炸制方法	4
2. 膨松面品种制作	2-1 面坯调制	2-1-1 能对生物膨松面坯进行配料	（1）正确使用搅拌设备 （2）正确使用发酵设备 （3）正确使用案上清洁工具 （4）生物膨松面坯配料	（1）正确使用设备工具	1）机械设备的使用 ①发酵设备 ②多功能搅拌机 2）工具的使用 ①粉筛 ②刮板 ③粉扫	（1）方法：讲授法、演示法 （2）重点与难点：机械设备的使用方法	1
		2-1-2 能调制生物膨松面坯	（1）用酵母发酵法调制生物膨松面坯 （2）用老酵母发酵法调制生物膨松面坯	（2）调制生物膨松面坯	1）生物膨松面坯基础知识 ①概念 ②特点 2）调制方法 ①酵母发酵法 ②老酵母发酵法	（1）方法：讲授法、演示法、实训（练习）法 （2）重点：生物膨松面坯的调制方法 （3）难点：用老酵母发酵法调制生物膨松面坯	3

续表

2.1.2　五级 / 初级职业技能培训要求				2.2.2　五级 / 初级职业技能培训课程规范			
职业功能模块（模块）	培训内容（课程）	技能目标	培训细目	学习单元	课程内容	培训建议	课堂学时
2. 膨松面品种制作	2–2　生坯成型	2–2–1　能用模具成型无馅类生物膨松制品生坯	（1）正确使用成型模具 （2）生成型无馅类生物膨松制品生坯 （3）熟成型无馅类生物膨松制品生坯	（1）模具成型	1）模具 ①印模 ②套模 ③盒模 ④内模	（1）方法：讲授法、演示法 （2）重点：模具成型方法 （3）难点：模具的选择和使用	2
					2）模具成型方法 ①生成型 ②熟成型		
					3）模具使用注意事项		
		2–2–2　能手工成型无馅类生物膨松制品生坯	（1）擀制无馅类生物膨松制品生坯 （2）搓制无馅类生物膨松制品生坯 （3）卷制无馅类生物膨松制品生坯 （4）切制无馅类生物膨松制品生坯 （5）包制无馅类生物膨松制品生坯	（2）手工成型	1）擀 ①概念 ②分类 ③方法 ④技术关键	（1）方法：讲授法、演示法、实训（练习）法 （2）重点：擀、搓、卷、切、包的成型方法 （3）难点：代表品种的手工成型方法	16
					2）搓 ①概念 ②分类 ③方法 ④技术关键		
					3）卷 ①概念 ②分类 ③方法 ④技术关键		
					4）切 ①概念 ②分类 ③方法 ④技术关键		
					5）包 ①概念 ②分类 ③方法 ④技术关键		

续表

<table>
<tr><th colspan="4">2.1.2　五级 / 初级职业技能培训要求</th><th colspan="4">2.2.2　五级 / 初级职业技能培训课程规范</th></tr>
<tr><th>职业功能模块（模块）</th><th>培训内容（课程）</th><th>技能目标</th><th>培训细目</th><th>学习单元</th><th>课程内容</th><th>培训建议</th><th>课堂学时</th></tr>
<tr><td rowspan="4">2. 膨松面品种制作</td><td rowspan="4">2-3　产品成熟</td><td rowspan="2">2-3-1　能用蒸制法熟制无馅类生物膨松制品</td><td rowspan="2">（1）正确使用蒸箱
（2）蒸制无馅类生物膨松制品</td><td rowspan="2">（1）蒸制无馅类生物膨松制品</td><td>1）蒸制设备
①蒸锅
②蒸箱
③高压蒸锅</td><td rowspan="2">（1）方法：讲授法、演示法、实训（练习）法
（2）重点：蒸制方法
（3）难点：蒸箱的种类及使用方法</td><td rowspan="2">4</td></tr>
<tr><td>2）熟制方法——蒸
①概念
②分类
③方法
④技术关键</td></tr>
<tr><td rowspan="2">2-3-2　能用烤制法熟制无馅类生物膨松制品</td><td rowspan="2">（1）正确使用烤箱
（2）烤制无馅类生物膨松制品</td><td rowspan="2">（2）烤制无馅类生物膨松制品</td><td>1）烤制设备
①烤箱
②热风旋转炉
③万能蒸烤箱</td><td rowspan="2">（1）方法：讲授法、演示法、实训（练习）法
（2）重点：烤制方法
（3）难点：烤箱的种类及使用方法</td><td rowspan="2">4</td></tr>
<tr><td>2）熟制方法——烤
①概念
②分类
③方法
④技术关键</td></tr>
<tr><td rowspan="3">3. 米制品制作</td><td rowspan="3">3-1　米水配制</td><td>3-1-1　能根据籼米的特点调整米与水的配方</td><td>（1）正确辨识稻米种类
（2）配制籼米与水的比例</td><td rowspan="3">（1）制作米饭类制品</td><td>1）稻米的结构、种类和特性</td><td rowspan="3">（1）方法：讲授法、演示法、实训（练习）法、案例教学法
（2）重点：米饭类制品的熟制方法
（3）难点：代表品种的掌握</td><td rowspan="3">4</td></tr>
<tr><td>3-1-2　能根据粳米的特点调整米与水的配方</td><td>配制粳米与水的比例</td><td>2）米饭的概念和分类</td></tr>
<tr><td>3-1-3　能根据糯米的特点调整米与水的配方</td><td>配制糯米与水的比例</td><td>3）米饭类制品的制作方法
①米水配制
②熟制
③面点实例</td></tr>
</table>

续表

2.1.2 五级 / 初级职业技能培训要求				2.2.2 五级 / 初级职业技能培训课程规范			
职业功能模块（模块）	培训内容（课程）	技能目标	培训细目	学习单元	课程内容	培训建议	课堂学时
3. 米制品制作	3-2 饭粥熟制	3-2-1 能熟制米饭类制品	（1）选择熟制方法 （2）明确熟制要点	（2）制作米粥类制品	1）米粥的概念和分类	（1）方法：讲授法、演示法、实训（练习）法 （2）重点：米粥类制品的熟制方法 （3）难点：代表品种的掌握	4
		3-2-2 能熟制米粥类制品	（1）选择熟制方法 （2）明确熟制要点		2）米粥类制品的制作方法 ①米水配制 ②熟制 ③面点实例		
4. 杂粮品种制作	4-1 面坯调制	4-1-1 能调制玉米面类面坯	（1）正确辨识玉米面种类 （2）调制玉米面类面坯	（1）制作玉米面类制品	1）玉米面的种类、特性 2）调制玉米面类面坯 3）玉米面类生坯成型 4）熟制玉米面类制品	（1）方法：讲授法、演示法、实训（练习）法 （2）重点与难点：代表品种的掌握	4
		4-1-2 能调制小米面类面坯	（1）正确辨识小米面种类 （2）调制小米面类面坯				
	4-2 生坯成型	4-2-1 能成型玉米面类生坯	玉米面类生坯成型	（2）制作小米面类制品	1）小米面的种类、特性 2）调制小米面类面坯 3）小米面类生坯成型 4）熟制小米面类制品	（1）方法：讲授法、演示法、实训（练习）法 （2）重点与难点：代表品种的掌握	4
		4-2-2 能成型小米面类生坯	小米面类生坯成型				
	4-3 产品成熟	4-3-1 能熟制玉米面类制品	熟制玉米面类制品	（3）制作小米饭、小米粥类制品	1）熟制小米饭类制品 2）熟制小米粥类制品	（1）方法：讲授法、演示法、实训（练习）法 （2）重点与难点：代表品种的掌握	4
		4-3-2 能熟制小米面、小米饭、小米粥类制品	（1）熟制小米面类制品 （2）熟制小米饭类制品 （3）熟制小米粥类制品				
课堂学时合计							92

附录 3　四级 / 中级职业技能培训要求与课程规范对照表

<table>
<tr><th colspan="4">2.1.3　四级 / 中级职业技能培训要求</th><th colspan="4">2.2.3　四级 / 中级职业技能培训课程规范</th></tr>
<tr><th>职业功能模块（模块）</th><th>培训内容（课程）</th><th>技能目标</th><th>培训细目</th><th>学习单元</th><th>课程内容</th><th>培训建议</th><th>课堂学时</th></tr>
<tr><td rowspan="13">1. 馅心制作</td><td rowspan="13">1-1　原料选择</td><td rowspan="9">1-1-1　能选用植物性制馅原料</td><td rowspan="9">（1）鉴别植物性制馅原料
（2）应用植物性制馅原料
（3）保藏植物性制馅原料</td><td rowspan="4">（1）馅心概论</td><td>1）馅心的概念</td><td rowspan="4">（1）方法：讲授法、演示法
（2）重点：馅心的分类
（3）难点：包馅的比例</td><td rowspan="4">1</td></tr>
<tr><td>2）馅心的特点</td></tr>
<tr><td>3）馅心的分类
①按制作原料分类
②按制作方法分类
③按口味分类
④按所处位置分类</td></tr>
<tr><td>4）包馅的比例
①轻馅品种
②重馅品种
③半皮半馅品种</td></tr>
<tr><td rowspan="5">（2）选择甜馅原料</td><td>1）选择干果类制馅原料</td><td rowspan="5">（1）方法：讲授法、演示法
（2）重点：甜馅原料的种类及特性
（3）难点：常用甜馅原料的鉴别、应用及保藏</td><td rowspan="5">2</td></tr>
<tr><td>2）选择豆类制馅原料</td></tr>
<tr><td>3）选择水果花草类制馅原料</td></tr>
<tr><td>4）选择其他制馅原料</td></tr>
<tr><td>5）保藏植物性制馅原料</td></tr>
<tr><td rowspan="4">1-1-2　能选用动物性制馅原料</td><td rowspan="4">（1）鉴别动物性制馅原料
（2）应用动物性制馅原料
（3）保藏动物性制馅原料</td><td rowspan="4">（3）选择咸馅原料</td><td>1）选择畜、禽肉类制馅原料</td><td rowspan="4">（1）方法：讲授法、演示法
（2）重点：咸馅原料的种类及特性
（3）难点：常用咸馅原料的鉴别、应用及保藏</td><td rowspan="4">2</td></tr>
<tr><td>2）选择水产海味类制馅原料</td></tr>
<tr><td>3）选择蔬菜类制馅原料</td></tr>
<tr><td>4）保藏动物性制馅原料</td></tr>
</table>

续表

2.1.3　四级 / 中级职业技能培训要求

职业功能模块（模块）	培训内容（课程）	技能目标	培训细目
1. 馅心制作	1-1　原料选择	1-1-3　能选用制馅调味料	（1）鉴别制馅调味料 （2）应用制馅调味料 （3）储存制馅调味料
	1-2　原料加工	1-2-1　能对生拌类咸馅原料进行择洗、去皮	（1）择洗馅心原料 （2）馅心原料去皮
		1-2-2　能对生拌类咸馅原料进行细碎加工	（1）使用和保养刀具 （2）切制生拌类咸馅原料 （3）剁制生拌类咸馅原料 （4）擦制生拌类咸馅原料 （5）绞制生拌类咸馅原料
		1-2-3　能对生拌类原料进行焯水、脱水处理	（1）生拌类原料焯水 （2）生拌类原料脱水

2.2.3　四级 / 中级职业技能培训课程规范

学习单元	课程内容	培训建议	课堂学时
（4）选择制馅调味料	1）选择固态复合调味品	（1）方法：讲授法、演示法 （2）重点：制馅调味料的种类及性能 （3）难点：制馅调味料的鉴别、应用及储存	2
	2）选择液态调味品		
	3）选择酱味调味品		
	4）储存制馅调味料		
（1）原料加工设备与刀具	1）原料加工设备 如绞馅机、粉碎机等	（1）方法：讲授法、演示法 （2）重点与难点：生馅原料加工设备与刀具的使用方法	1
	2）原料加工刀具 ①刀具的种类 ②刀具的使用与保养		
（2）生馅原料加工基本方法	1）生馅原料初加工基本方法 ①摘洗 ②去皮 ③去壳 ④去核	（1）方法：讲授法、演示法、实训（练习）法、案例教学法 （2）重点：馅心原料的加工方法 （3）难点：控制各类生馅原料的水分	2
	2）生馅原料加工的基本刀法 ①切 ②剁 ③擦 ④绞		
	3）生馅原料的水分控制 ①焯水 ②脱水 ③打水		

续表

<table>
<tr><th colspan="4">2.1.3　四级 / 中级职业技能培训要求</th><th colspan="4">2.2.3　四级 / 中级职业技能培训课程规范</th></tr>
<tr><th>职业功能模块（模块）</th><th>培训内容（课程）</th><th>技能目标</th><th>培训细目</th><th>学习单元</th><th>课程内容</th><th>培训建议</th><th>课堂学时</th></tr>
<tr><td rowspan="5">1. 馅心制作</td><td rowspan="5">1-3　口味调制</td><td rowspan="3">1-3-1　能调制生拌类咸馅</td><td rowspan="3">（1）制作生荤馅
（2）制作生素馅
（3）制作生荤素馅</td><td rowspan="3">（1）调制生咸馅</td><td>1）调制生荤馅
①原料加工
②调制方法
③技术关键
④制作实例</td><td rowspan="3">（1）方法：讲授法、演示法、实训（练习）法、案例教学法
（2）重点：生咸馅的调制方法
（3）难点：代表馅心的掌握</td><td rowspan="3">2</td></tr>
<tr><td>2）调制生素馅
①原料加工
②调制方法
③技术关键
④制作实例</td></tr>
<tr><td>3）调制生荤素馅
①原料加工
②调制方法
③技术关键
④制作实例</td></tr>
<tr><td>1-3-2　能制作糖油馅</td><td>（1）糖油馅原料加工
（2）糖油馅口味调制</td><td rowspan="2">（2）制作生甜馅</td><td>1）制作糖油馅
①馅料初加工
②调制方法
③技术关键
④制作实例</td><td rowspan="2">（1）方法：讲授法、演示法、实训（练习）法、案例教学法
（2）重点：甜馅的调制方法
（3）难点：代表馅心的掌握</td><td rowspan="2">2</td></tr>
<tr><td>1-3-3　制作果仁蜜饯馅</td><td>（1）果仁蜜饯馅原料加工
（2）果仁蜜饯馅口味调制</td><td>2）制作果仁蜜饯馅
①馅料初加工
②调制方法
③技术关键
④制作实例</td></tr>
<tr><td rowspan="3">2. 水调面品种制作</td><td rowspan="3">2-1　面坯调制</td><td rowspan="3">2-1-1　能对热水面坯进行配料</td><td rowspan="3">热水面坯配料</td><td rowspan="3">（1）水调面坯基础知识</td><td>1）水调面坯的概念</td><td rowspan="3">（1）方法：讲授法、演示法
（2）重点与难点：水调面坯的分类</td><td rowspan="3">1</td></tr>
<tr><td>2）水调面坯的分类
①冷水面坯
②温水面坯
③热水面坯</td></tr>
<tr><td>3）影响面坯性质的因素</td></tr>
</table>

续表

<table>
<tr><th colspan="4">2.1.3 四级 / 中级职业技能培训要求</th><th colspan="4">2.2.3 四级 / 中级职业技能培训课程规范</th></tr>
<tr><th>职业功能模块（模块）</th><th>培训内容（课程）</th><th>技能目标</th><th>培训细目</th><th>学习单元</th><th>课程内容</th><th>培训建议</th><th>课堂学时</th></tr>
<tr><td rowspan="8">2. 水调面品种制作</td><td rowspan="2">2-1 面坯调制</td><td rowspan="2">2-1-2 能调制热水面坯</td><td rowspan="2">（1）用沸水浇入法调制热水面坯
（2）用全烫面法调制热水面坯</td><td rowspan="2">（2）调制热水面坯</td><td>1）热水面坯的调制方法</td><td rowspan="2">（1）方法：讲授法、演示法、实训（练习）法、案例教学法
（2）重点与难点：热水面坯调制方法</td><td rowspan="2">2</td></tr>
<tr><td>2）热水面坯调制的技术关键</td></tr>
<tr><td rowspan="6">2-2 生坯成型</td><td rowspan="3">2-2-1 能对有馅类冷水面生坯成型</td><td rowspan="3">（1）用包的方法成型有馅类冷水面坯
2）用捏的方法成型有馅类冷水面生坯
（3）用钳花的方法成型有馅类冷水面生坯</td><td rowspan="3">（1）水调面坯成型基本方法</td><td>1）包
①分类
②操作方法
③技术关键</td><td rowspan="3">（1）方法：讲授法、演示法、实训（练习）法、案例教学法
（2）重点：生坯成型的方法
（3）难点：代表生坯实例成型方法</td><td rowspan="3">5</td></tr>
<tr><td>2）捏
①分类
②操作方法
③技术关键</td></tr>
<tr><td>3）钳花
①分类
②操作方法
③技术关键</td></tr>
<tr><td>2-2-2 能对有馅类温水面生坯成型</td><td>（1）用包的方法成型有馅类温水面生坯
（2）用捏的方法成型有馅类温水面生坯
（3）用钳花的方法成型有馅类温水面生坯</td><td rowspan="2">（2）馅心对生坯成型的影响</td><td>1）馅心影响面点的外观和形态
①馅心变化有美化制品的作用
②馅心的软硬度直接影响制品造型</td><td rowspan="2">（1）方法：讲授法、演示法
（2）重点与难点：馅心软硬度及包馅比例对生坯成型的影响</td><td rowspan="2">2</td></tr>
<tr><td>2-2-3 能对有馅类热水面生坯成型</td><td>（1）用包的方法成型有馅类热水面生坯
（2）用捏的方法成型有馅类热水面生坯
（3）用钳花的方法成型有馅类热水面生坯</td><td>2）包馅比例对造型的影响
①轻馅品种
②重馅品种
③半皮半馅品种</td></tr>
</table>

续表

2.1.3　四级 / 中级职业技能培训要求				2.2.3　四级 / 中级职业技能培训课程规范			
职业功能模块（模块）	培训内容（课程）	技能目标	培训细目	学习单元	课程内容	培训建议	课堂学时
2. 水调面品种制作	2-3　产品成熟	2-3-1　能用煮制法成熟有馅类水调面坯制品	（1）开水下锅煮有馅类水调面生坯 （2）冷水下锅煮有馅类水调面生坯	（1）煮制有馅类水调面坯制品	1）概念 2）分类 3）操作方法 4）注意事项 5）面点实例	（1）方法：讲授法、演示法、实训（练习）法、案例教学法 （2）重点与难点：煮的方法	1
		2-3-2　能用烙制法成熟有馅类水调面坯制品	（1）干烙有馅类水调面生坯 （2）刷油烙有馅类水调面生坯 （3）加水烙有馅类水调面生坯	（2）烙制有馅类水调面坯制品	1）概念 2）分类 3）操作方法 4）注意事项 5）面点实例	（1）方法：讲授法、演示法、实训（练习）法、案例教学法 （2）重点与难点：烙的方法	2
		2-3-3　能用炸制法成熟有馅类水调面坯制品	（1）温油炸有馅类水调面生坯 （2）热油炸有馅类水调面生坯	（3）炸制有馅类水调面坯制品	1）概念 2）分类 3）操作方法 4）注意事项 5）面点实例	（1）方法：讲授法、演示法、实训（练习）法、案例教学法 （2）重点与难点：炸的方法	2
		2-3-4　能用煎制法成熟有馅类水调面坯制品	（1）生煎有馅类水调面生坯 （2）熟煎有馅类水调面生坯	（4）煎制有馅类水调面坯制品	1）概念 2）分类 3）操作方法 4）注意事项 5）面点实例	（1）方法：讲授法、演示法、实训（练习）法、案例教学法 （2）重点与难点：煎的方法	2
3. 膨松面品种制作	3-1　面坯调制	3-1-1　能按配方对化学膨松面坯进行配料	（1）按配方选配食用油 （2）按配方选配食用糖 （3）按配方选配蛋及其制品	（1）选择辅助原料	1）食用油 ①食用油的种类及特点 ②油脂在面点工艺中的作用 2）食用糖 ①食用糖的种类及特点 ②糖类在面点工艺中的作用 3）蛋及其制品 ①蛋品的种类及特点 ②蛋品在面点工艺中的作用	（1）方法：讲授法、演示法 （2）重点：油、糖、蛋、乳的种类及特点 （3）难点：油、糖、蛋、乳在面点工艺中的作用	2

续表

2.1.3 四级 / 中级职业技能培训要求				2.2.3 四级 / 中级职业技能培训课程规范			
职业功能模块（模块）	培训内容（课程）	技能目标	培训细目	学习单元	课程内容	培训建议	课堂学时
3. 膨松面品种制作	3-1 面坯调制	3-1-1 能按配方对化学膨松面坯进行配料	（4）按配方选配乳及其制品 （5）按配方选配膨松剂	（1）选择辅助原料	4）乳及其制品 ①乳品的种类及特点 ②乳品在面点工艺中的作用		
				（2）选择膨松剂	1）膨松剂必须具备的条件 2）化学膨松剂的种类 3）化学膨松剂的使用 ①碳酸氢钠 ②碳酸氢铵 ③发酵粉	（1）方法：讲授法、演示法 （2）重点：准确使用膨松剂 （3）难点：膨松剂的种类及其理化性质	1
		3-1-2 能按程序调制化学膨松面坯	（1）调制化学膨松面坯 （2）控制剂量、水温等影响因素	（3）调制化学膨松面坯	1）化学膨松面坯的概念与特点 2）化学膨松面坯调制方法 3）化学膨松面坯膨松的基本原理 ①熟制中水分的变化 ②熟制中厚度的变化 4）化学膨松面坯调制的影响因素 ①剂量 ②水温 5）面点实例	（1）方法：讲授法、演示法、案例教学法 （2）重点：化学膨松面坯调制方法 （3）难点：代表面点的掌握	2
	3-2 生坯成型	3-2-1 能对无馅类化学膨松制品生坯成型	无馅类化学膨松制品生坯成型	（1）化学膨松制品生坯成型	1）无馅类化学膨松制品生坯成型 ①成型方法 ②技术关键 ③面点实例	（1）方法：讲授法、演示法、案例教学法 （2）重点：化学膨松制品生坯成型方法	2

续表

2.1.3 四级 / 中级职业技能培训要求				2.2.3 四级 / 中级职业技能培训课程规范			
职业功能模块（模块）	培训内容（课程）	技能目标	培训细目	学习单元	课程内容	培训建议	课堂学时
3. 膨松面品种制作	3-2 生坯成型	3-2-2 能对有馅类化学膨松制品生坯成型	有馅类化学膨松制品生坯成型		2）有馅类化学膨松制品生坯成型 ①成型方法 ②技术关键 ③面点实例	（3）难点：代表面点的掌握	
		3-2-3 能对有馅类生物膨松制品生坯成型	有馅类生物膨松制品生坯成型	（2）有馅类生物膨松制品生坯成型	1）成型方法 2）技术关键 3）面点实例	（1）方法：讲授法、演示法、案例教学法、实训（练习）法 （2）重点：生物膨松制品生坯成型方法 （3）难点：代表面点的掌握	2
	3-3 产品成熟	3-3-1 能用蒸制法熟制化学膨松制品	（1）将化学膨松制品蒸制成熟 （2）控制蒸制加水量、时间等	（1）蒸制化学膨松制品	1）化学膨松制品的蒸制方法 2）化学膨松制品的蒸制技术关键 3）面点实例	（1）方法：讲授法、演示法、实训（练习）法、案例教学法 （2）重点：蒸制方法 （3）难点：代表面点的掌握	3
		3-3-2 能用烤制法熟制化学膨松制品	（1）将化学膨松制品烤制成熟 （2）控制炉温、烤制时间等	（2）烤制化学膨松制品	1）化学膨松制品的烤制方法 2）化学膨松制品的烤制技术关键 3）面点实例	（1）方法：讲授法、演示法、实训（练习）法、案例教学 （2）重点：烤制方法 （3）难点：代表面点的掌握	4
		3-3-3 能用炸制法熟制有馅类生物膨松制品	（1）将化学膨松制品炸制成熟 （2）控制炸制温度、时间等	（3）炸制化学膨松制品	1）化学膨松制品的炸制方法 2）化学膨松制品的炸制技术关键 3）面点实例	（1）方法：讲授法、演示法、实训（练习）法、案例教学法 （2）重点：炸制方法 （3）难点：代表面点的掌握	2

续表

2.1.3 四级 / 中级职业技能培训要求				2.2.3 四级 / 中级职业技能培训课程规范			
职业功能模块（模块）	培训内容（课程）	技能目标	培训细目	学习单元	课程内容	培训建议	课堂学时
3. 膨松面品种制作	3-3 产品成熟	3-3-4 能用煎制法熟制有馅类生物膨松制品	（1）将化学膨松制品煎制成熟 （2）控制煎制温度、时间等	（4）煎制化学膨松制品	1）化学膨松制品的煎制方法	（1）方法：讲授法、演示法、实训（练习）法、案例教学 （2）重点：煎制方法 （3）难点：代表面点的掌握	2
					2）化学膨松制品的煎制技术关键		
					3）面点实例		
4. 层酥面品种制作	4-1 面坯调制	4-1-1 能对水油皮层酥类面坯进行配料	（1）了解层酥面坯的概念、分类及特点 （2）正确使用走棰、刮刀等工具 （3）配制水油面原料 （4）配制干油酥原料	（1）调制水油皮层酥类面坯	1）层酥面坯的概念、分类及特点	（1）方法：讲授法、演示法、案例教学法 （2）重点：水油面、干油酥原料配比及调制方法 （3）难点：走棰的正确使用，水油面、干油酥调制技术关键的掌握	6
					2）开酥工具 ①走棰 ②刮刀		
					3）水油皮层酥类面坯的经验配方 ①水油面的经验配方 ②干油酥的经验配方		
		4-1-2 能调制水油皮层酥类面坯	（1）调制水油面 （2）调制干油酥		4）调制水油面 ①调制方法 ②技术关键		
					5）调制干油酥 ①调制方法 ②技术关键		
		4-1-3 能对酵面层酥类面坯进行配料	（1）配制酵面皮原料 （2）配制油酥原料	（2）调制酵面层酥类面坯	1）酵面层酥类面坯经验配方 ①酵面皮经验配方 ②油酥经验配方	（1）方法：讲授法、演示法、案例教学法 （2）重点：酵面层酥原料配比及调制方法 （3）难点：酵面层酥调制技术关键的掌握	4
		4-1-4 能调制酵面层酥类面坯	（1）调制酵面皮 （2）调制油酥		2）调制酵面皮 ①调制方法 ②技术关键		
					3）调制油酥 ①调制方法 ②技术关键		

续表

<table>
<tr><th colspan="4">2.1.3　四级 / 中级职业技能培训要求</th><th colspan="4">2.2.3　四级 / 中级职业技能培训课程规范</th></tr>
<tr><th>职业功能模块（模块）</th><th>培训内容（课程）</th><th>技能目标</th><th>培训细目</th><th>学习单元</th><th>课程内容</th><th>培训建议</th><th>课堂学时</th></tr>
<tr><td rowspan="12">4. 层酥面品种制作</td><td rowspan="8">4–2　生坯成型</td><td rowspan="3">4–2–1　能用大包酥的方法制作水油皮层酥暗酥</td><td rowspan="3">水油皮层酥大包酥开暗酥</td><td rowspan="3">（1）水油皮大包酥制作层酥暗酥</td><td>1）开酥的概念和基本方法</td><td rowspan="3">（1）方法：讲授法、演示法、案例教学法
（2）重点：水油皮层酥大包酥开暗酥方法
（3）难点：水油皮层酥大包酥开暗酥技术关键的掌握</td><td rowspan="3">2</td></tr>
<tr><td>2）水油皮层酥的种类及特点
①明酥
②暗酥
③半暗酥</td></tr>
<tr><td>3）水油皮层酥大包酥开暗酥
①干酥方法
②技术关键
③面点实例</td></tr>
<tr><td rowspan="3">4–2–2　能用大包酥的方法制作酵面层酥暗酥</td><td rowspan="3">酵面层酥大包酥开暗酥</td><td rowspan="3">（2）酵面层酥大包酥制作暗酥</td><td>1）开酥方法</td><td rowspan="3">（1）方法：讲授法、演示法、案例教学法
（2）重点：酵面层酥大包酥开暗酥方法
（3）难点：酵面层酥大包酥开暗酥技术关键的掌握</td><td rowspan="3">2</td></tr>
<tr><td>2）技术关键</td></tr>
<tr><td>3）面点实例</td></tr>
<tr><td rowspan="2">4–2–3　能用暗酥的方法成型层酥面生坯</td><td rowspan="2">（1）卷、擀、叠、切面坯
（2）暗酥成型水油皮层酥面生坯
（3）暗酥成型酵面层酥面生坯</td><td rowspan="2">（3）层酥面生坯的暗酥成型</td><td>1）暗酥成型方法
①卷
②擀
③叠
④切</td><td rowspan="2">（1）方法：讲授法、演示法、案例教学法
（2）重点：暗酥成型方法
（3）难点：暗酥成型要求的掌握</td><td rowspan="2">4</td></tr>
<tr><td>2）面点实例</td></tr>
<tr><td rowspan="4">4–3　产品成熟</td><td rowspan="4">4–3–1　能用烤制法熟制暗酥类制品</td><td rowspan="4">（1）烤制暗酥类制品
（2）控制烤箱温度、烤制时间等</td><td rowspan="4">（1）烤制暗酥类制品</td><td>1）暗酥类制品烤制方法</td><td rowspan="4">（1）方法：讲授法、演示法、案例教学法
（2）重点：烤制暗酥类制品的技术关键与质量要求
（3）难点：代表面点的掌握</td><td rowspan="4">3</td></tr>
<tr><td>2）烤制暗酥类制品的技术关键</td></tr>
<tr><td>3）烤制暗酥类制品的质量要求</td></tr>
<tr><td>4）面点实例</td></tr>
</table>

续表

2.1.3 四级 / 中级职业技能培训要求				2.2.3 四级 / 中级职业技能培训课程规范			
职业功能模块（模块）	培训内容（课程）	技能目标	培训细目	学习单元	课程内容	培训建议	课堂学时
4. 层酥面品种制作	4-3 产品成熟	4-3-2 能用烙制法熟制暗酥类制品	（1）烙制暗酥类制品 （2）控制烙制火候、时间等	（2）烙制暗酥类制品	1）暗酥类制品烙制方法 2）烙制暗酥类制品的技术关键 3）烙制暗酥类制品的质量要求 4）面点实例	（1）方法：讲授法、演示法、案例教学法 （2）重点：烙制暗酥类制品的技术关键与质量要求 （3）难点：代表面点的掌握	3
5. 米制品制作	5-1 面坯调制	5-1-1 能对米粉坯类面坯进行配料	（1）糯米粉与面粉掺和 （2）糯米粉与粳米粉掺和 （3）米粉与杂粮掺和	（1）米粉面坯常识	1）米粉的种类 2）米粉面坯的概念、分类和特点	（1）方法：讲授法、演示法 （2）重点与难点：米粉面坯的分类和特点	1
		5-1-2 能调制生粉坯	调制生粉坯	（2）制作生粉团类制品	1）生粉坯的掺粉方法 2）调制生粉坯 3）生粉团生坯成型 ①操作准备 ②操作步骤 ③质量标准 ④注意事项 4）生粉团类制品熟制 ①操作准备 ②操作步骤 ③质量标准 ④注意事项 5）面点实例	（1）方法：讲授法、演示法、案例教学法 （2）重点：生粉坯的调制方法 （3）难点：生粉团生坯成型的操作步骤	3
		5-1-3 能调制熟粉坯	调制熟粉坯				
	5-2 生坯成型	5-2-1 能制作生粉团生坯	制作生粉团生坯				
		5-2-2 能制作熟粉团生坯	制作熟粉团生坯				
				（3）制作熟粉团类制品	1）熟粉坯的掺粉方法	（1）方法：讲授法、演示法、案例教学法	3

续表

<table>
<tr><th colspan="4">2.1.3 四级 / 中级职业技能培训要求</th><th colspan="4">2.2.3 四级 / 中级职业技能培训课程规范</th></tr>
<tr><th>职业功能模块（模块）</th><th>培训内容（课程）</th><th>技能目标</th><th>培训细目</th><th>学习单元</th><th>课程内容</th><th>培训建议</th><th>课堂学时</th></tr>
<tr><td rowspan="4">5. 米制品制作</td><td rowspan="4">5-3 产品成熟</td><td>5-3-1 能熟制生粉团类制品</td><td>（1）选择熟制方法
（2）明确熟制要求</td><td rowspan="4">（3）制作熟粉团类制品</td><td>2）调制熟粉坯</td><td rowspan="4">（2）重点：熟粉坯的调制方法
（3）难点：熟粉团生坯成型的操作步骤</td><td rowspan="4"></td></tr>
<tr><td rowspan="3">5-3-2 能熟制熟粉团类制品</td><td rowspan="3">（1）选择熟制方法
（2）明确熟制要求</td><td>3）熟粉团生坯成型
①操作准备
②操作步骤
③质量标准
④注意事项</td></tr>
<tr><td>4）熟粉团类制品熟制
①操作准备
②操作步骤
③质量标准
④注意事项</td></tr>
<tr><td>5）面点实例</td></tr>
<tr><td rowspan="10">6. 杂粮品种制作</td><td rowspan="5">6-1 面坯调制</td><td>6-1-1 能调制莜麦类面坯</td><td>（1）面坯配料
（2）调制莜麦类面坯</td><td rowspan="5">（1）制作莜麦类制品</td><td>1）莜麦的种类、特点</td><td rowspan="5">（1）方法：讲授法、演示法、案例教学法、实训（练习）法
（2）重点：莜麦品质的判别和莜麦类面坯调制方法的选择
（3）难点：莜麦类面点生坯成型方法的选择和熟制方法的把控</td><td rowspan="5">3</td></tr>
<tr><td rowspan="2">6-1-2 能调制荞麦类面坯</td><td rowspan="2">（1）面坯配料
（2）调制荞麦类面坯</td><td>2）调制莜麦类面坯</td></tr>
<tr><td>3）莜麦类面点生坯成型</td></tr>
<tr><td rowspan="2">6-1-3 能调制蔬果类面坯</td><td rowspan="2">（1）面坯配料
（2）调制蔬果类面坯</td><td>4）莜麦类制品熟制</td></tr>
<tr><td>5）面点实例</td></tr>
<tr><td rowspan="5">6-2 生坯成型</td><td rowspan="2">6-2-1 能制作莜麦类面点生坯</td><td rowspan="2">（1）选择成型方法
（2）明确成型要求</td><td rowspan="5">（2）制作荞麦类制品</td><td>1）荞麦的种类、特点</td><td rowspan="5">（1）方法：讲授法、演示法、案例教学法、实训（练习）法
（2）重点：荞麦品质的判别和荞麦类面坯调制方法的选择
（3）难点：荞麦类面点生坯成型方法的选择和熟制方法的把控</td><td rowspan="5">4</td></tr>
<tr><td>2）调制荞麦类面坯</td></tr>
<tr><td>6-2-2 能制作荞麦类面点生坯</td><td>（1）选择成型方法
（2）明确成型要求</td><td>3）荞麦类面点生坯成型</td></tr>
<tr><td rowspan="2">6-2-3 能制作蔬果类面点生坯</td><td rowspan="2">（1）选择成型方法
（2）明确成型要求</td><td>4）荞麦类制品熟制</td></tr>
<tr><td>5）面点实例</td></tr>
</table>

续表

2.1.3 四级 / 中级职业技能培训要求				2.2.3 四级 / 中级职业技能培训课程规范			
职业功能模块（模块）	培训内容（课程）	技能目标	培训细目	学习单元	课程内容	培训建议	课堂学时
6. 杂粮品种制作	6-3 产品成熟	6-3-1 能熟制莜麦类制品	（1）选择熟制方法 （2）明确熟制要求	（3）制作蔬果类制品	1）蔬果类原料的种类、特点	（1）方法：讲授法、演示法、案例教学法、实训（练习）法 （2）重点：蔬果品质的判别和蔬果类面坯调制方法的选择 （3）难点：蔬果类面点生坯成型方法的选择和熟制方法的把控	3
		6-3-2 能熟制荞麦类制品	（1）选择熟制方法 （2）明确熟制要求		2）调制蔬果类面坯 3）蔬果类面点生坯成型		
		6-3-3 能熟制蔬果类制品	（1）选择熟制方法 （2）明确熟制要求		4）蔬果类制品熟制 5）面点实例		
课堂学时合计							92

附录 4 三级 / 高级职业技能培训要求与课程规范对照表

2.1.4 三级 / 高级职业技能培训要求				2.2.4 三级 / 高级职业技能培训课程规范			
职业功能模块（模块）	培训内容（课程）	技能目标	培训细目	学习单元	课程内容	培训建议	课堂学时
1. 馅心制作	1-1 原料加工	1-1-1 能对熟馅原料进行初加工	（1）初加工时鲜菜蔬类原料 （2）初加工干货蜜饯类原料 （3）初加工质地不同的肉类原料	熟馅原料加工	1）熟馅原料初加工 ①初加工时鲜菜蔬类原料 ②初加工干货蜜饯类原料 ③初加工质地不同的肉类原料	（1）方法：讲授法、演示法 （2）重点：原料熟制处理的方法 （3）难点：原料熟制处理时的水分控制	2
		1-1-2 能对熟馅原料进行熟制处理	（1）熟制处理时鲜菜蔬类原料 （2）熟制处理干货蜜饯类原料 （3）熟制处理质地不同的肉类原料		2）熟馅原料熟制处理 ①熟制处理时鲜菜蔬类原料 ②熟制处理干货蜜饯类原料 ③熟制处理质地不同的肉类原料		

续表

2.1.4 三级/高级职业技能培训要求				2.2.4 三级/高级职业技能培训课程规范			
职业功能模块（模块）	培训内容（课程）	技能目标	培训细目	学习单元	课程内容	培训建议	课堂学时
1. 馅心制作	1–2 馅心熟制	1–2–1 能制作熟甜馅	（1）制作泥蓉馅 （2）制作鲜果花卉馅 （3）制作糖油蛋（糠）馅	（1）制作熟甜馅	1）制作泥蓉馅 ①工艺方法 ②制作实例 2）制作鲜果花卉馅 ①工艺方法 ②制作实例 3）制作糖油蛋（糠）馅 ①工艺方法 ②制作实例	（1）方法：讲授法、演示法、案例教学法、实训（练习）法 （2）重点：熟甜馅制作方法 （3）难点：代表馅心的掌握	1
		1–2–2 能制作熟咸馅	（1）制作熟素馅 （2）制作熟荤馅 （3）制作熟荤素馅	（2）制作熟咸馅	1）制作熟素馅 ①工艺方法 ②制作实例 2）制作熟荤馅 ①工艺方法 ②制作实例 3）制作熟荤素馅 ①工艺方法 ②制作实例	（1）方法：讲授法、演示法、案例教学法、实训（练习）法 （2）重点：熟咸馅制作方法 （3）难点：代表馅心的掌握	1
		1–2–3 能制作卤臊浇头	（1）制作盖浇类卤臊浇头 （2）制作汤料类卤臊浇头 （3）制作凉拌蘸汁类卤臊浇头	（3）制作卤臊浇头	1）制作盖浇类卤臊浇头 ①分类 ②制作实例 2）制作汤料类卤臊浇头 ①分类 ②制作实例 3）制作凉拌蘸汁类卤臊浇头 ①分类 ②制作实例	（1）方法：讲授法、演示法、案例教学法、实训（练习）法 （2）重点：卤臊浇头制作方法 （3）难点：代表卤臊浇头的掌握	1

续表

2.1.4 三级 / 高级职业技能培训要求				2.2.4 三级 / 高级职业技能培训课程规范			
职业功能模块（模块）	培训内容（课程）	技能目标	培训细目	学习单元	课程内容	培训建议	课堂学时
2. 水调面品种制作	2–1 面坯调制	2–1–1 能根据工艺要求调整水调面坯配方	（1）分析面粉工艺性能 （2）了解面筋的特性 （3）了解水调面坯形成的基本原理 （4）根据工艺要求确定掺水量和水温等	调制面坯	1）水调面坯的形成 ①面粉工艺性能 ②面筋的特性 ③水调面坯形成的基本原理	（1）方法：讲授法、演示法 （2）重点：面粉的工艺性能以及温度对面坯的影响 （3）难点：调制冷、温、热三种水调面坯技术要求的掌握	3
		2–1–2 能根据条件选择合适的水温调制水调面坯	（1）根据季节调整掺水量 （2）根据季节调整水温		2）选择合适的掺水量和水温 ①夏季与冬季掺水量的变化 ②雨天与晴天掺水量的变化 ③夏季与冬季水温与面坯的变化 ④夏季与冬季空气温度与面坯的变化		
		2–1–3 能根据原料品种特点调制各种水调面坯	（1）根据原料品种特点调制冷水面坯 （2）根据原料品种特点调制温水面坯 （3）根据原料品种特点调制热水面坯		3）调制水调面坯 ①调制冷水面坯 ②调制温水面坯 ③调制热水面坯		
	2–2 生坯成型	2–2–1 能制作具有良好筋力的水调面生坯	（1）抻制具有良好筋力的水调面生坯 （2）削制具有良好筋力的水调面生坯	生坯成型	1）抻 ①抻的分类 ②抻的操作方法 ③抻的注意事项 ④面点示例 2）削 ①削的分类 ②削的操作方法 ③削的注意事项 ④面点示例	（1）方法：讲授法、演示法、案例教学法、实训（练习）法 （2）重点：抻、削、拨、搓、摊的操作方法 （3）难点：代表面点的掌握	6

续表

<table>
<tr><th colspan="4">2.1.4 三级 / 高级职业技能培训要求</th><th colspan="4">2.2.4 三级 / 高级职业技能培训课程规范</th></tr>
<tr><th>职业功能模块（模块）</th><th>培训内容（课程）</th><th>技能目标</th><th>培训细目</th><th>学习单元</th><th>课程内容</th><th>培训建议</th><th>课堂学时</th></tr>
<tr><td rowspan="5">2. 水调面品种制作</td><td rowspan="3">2–2 生坯成型</td><td rowspan="2">2–2–1 能制作具有良好筋力的水调面生坯</td><td rowspan="2">（3）拨的成型制具有良好筋力的水调面生坯
（4）搓制具有良好筋力的水调面生坯</td><td rowspan="3">生坯成型</td><td>3）拨
①拨的分类
②拨的操作方法
③拨的注意事项
④面点实例</td><td rowspan="3">（1）方法：讲授法、演示法、案例教学法、实训（练习）法
（2）重点：抻、削、拨、搓、摊的方法
（3）难点：代表面点的掌握</td><td rowspan="3"></td></tr>
<tr><td>4）搓
①搓的分类
②搓的操作方法
③搓的注意事项
④面点实例</td></tr>
<tr><td>2–2–2 能制作浆糊类水调面生坯</td><td>（1）摊制稀浆面糊
（2）摊制稀软面坯</td><td>5）摊
①摊的分类
②摊的操作方法
③摊的注意事项
④面点实例</td></tr>
<tr><td rowspan="2">2–3 产品成熟</td><td>2–3–1 能根据品种调整熟制时的油温</td><td>（1）了解油温的分类
（2）掌握热能运用的一般原则
（3）正确识别油温
（4）根据品种调整油温</td><td rowspan="2">产品成熟</td><td>1）合理调整油温
①油温的分类
②热能运用的一般原则
③选择油温</td><td rowspan="2">（1）方法：讲授法、演示法
（2）重点与难点：火候与油温的运用</td><td rowspan="2">1</td></tr>
<tr><td>2–3–2 能根据品种调整熟制时的火候</td><td>（1）了解火候的概念
（2）正确选择熟制的传热方式
（3）正确识别火候</td><td>2）合理调整火候
①火候的概念
②熟制的传热方式
③识别火候</td></tr>
<tr><td rowspan="2">3. 膨松面品种制作</td><td rowspan="2">3–1 面坯调制</td><td rowspan="2">3–1–1 能根据工艺要求调整生物膨松面坯配方</td><td rowspan="2">（1）明确面坯膨松必须具备的条件
（2）根据面坯质量标准调整生物膨松面坯配方</td><td rowspan="2">（1）调制生物膨松面坯</td><td>1）面坯膨松必须具备的条件</td><td rowspan="2">（1）方法：讲授法、演示法、案例教学法、实训（练习）法
（2）重点：生物膨松面坯调制的基本原理和影响因素</td><td rowspan="2">4</td></tr>
<tr><td>2）生物膨松法分类
①面肥发酵法
②酵母发酵法</td></tr>
</table>

续表

2.1.4 三级 / 高级职业技能培训要求				2.2.4 三级 / 高级职业技能培训课程规范			
职业功能模块（模块）	培训内容（课程）	技能目标	培训细目	学习单元	课程内容	培训建议	课堂学时
3. 膨松面品种制作	3-1 面坯调制	3-1-2 能根据环境温度调整生物膨松面坯配方与工艺	（1）掌握生物膨松面坯调制的基本原理 （2）明确生物膨松面坯调制的影响因素 （3）根据环境温度调整生物膨松面坯配方和工艺	（1）调制生物膨松面坯	3）生物膨松面坯调制的基本原理 ①发酵中淀粉的变化 ②发酵中面坯酸度的变化 ③发酵中面筋蛋白质的变化 ④兑碱去酸	（3）难点：代表面点的掌握	
		3-1-3 能采用面肥或酵母调制发酵面坯	（1）用面肥调制发酵面坯 （2）用酵母调制发酵面坯		4）生物膨松面坯调制的影响因素 ①面粉的影响 ②加水量的影响 ③酵母的影响 ④温度的影响 ⑤发酵时间的影响		
					5）用面肥或酵母发酵面坯的技术要点		
					6）生物膨松面坯质量标准		
		3-1-4 能对物理膨松面坯进行配料	（1）了解物理膨松面坯的概念 （2）了解物理膨松面坯的特点 （3）蛋糊面坯配料 （4）面糊面坯配料	（2）调制物理膨松面坯	1）物理膨松面坯的概念、特点与分类	（1）方法：讲授法、演示法、案例教学法、实训（练习）法 （2）重点：调制物理膨松面坯的方法 （3）难点：代表面点的掌握	4
					2）调制物理膨松面坯 ①调制蛋糊面坯 ②调制面糊面坯		
		3-1-5 能调制物理膨松面坯	（1）掌握物理膨松面坯调制的基本原理 （2）掌握物理膨松面坯调制的影响因素 （3）调制蛋糊面坯和面糊面坯		3）调制物理膨松面坯的基本原理与影响因素 ①调制蛋糊面坯的基本原理与影响因素 ②调制面糊面坯的基本原理与影响因素		

续表

<table>
<tr><th colspan="4">2.1.4　三级 / 高级职业技能培训要求</th><th colspan="4">2.2.4　三级 / 高级职业技能培训课程规范</th></tr>
<tr><th>职业功能模块（模块）</th><th>培训内容（课程）</th><th>技能目标</th><th>培训细目</th><th>学习单元</th><th>课程内容</th><th>培训建议</th><th>课堂学时</th></tr>
<tr><td rowspan="6">3. 膨松面品种制作</td><td rowspan="2">3-2　生坯成型</td><td>3-2-1　能制作物理膨松面生坯</td><td>（1）了解物理膨松面生坯成型的影响因素
（2）物理膨松面生坯成型</td><td rowspan="3">（1）物理膨松面生坯成型与熟制</td><td>1）物理膨松面生坯成型的影响因素</td><td rowspan="3">（1）方法：讲授法、演示法、案例教学法、实训（练习）法
（2）重点：物理膨松面生坯成型与熟制方法
（3）难点：代表面点的掌握</td><td rowspan="3">5</td></tr>
<tr><td>3-2-2　能制作有馅类造型生物膨松面生坯</td><td>（1）了解有馅类生物膨松面生坯成型的影响因素
（2）有馅类生物膨松面生坯成型</td><td>2）熟制物理膨松制品的技术关键
①蒸制技术关键
②烤制技术关键</td></tr>
<tr><td rowspan="4">3-3　产品成熟</td><td>3-3-1　能用蒸制法熟制物理膨松制品</td><td>（1）了解物理膨松制品蒸制技术关键
（2）蒸制物理膨松制品</td><td>3）面点实例</td></tr>
<tr><td>3-3-2　能用烤制法熟制物理膨松制品</td><td>（1）了解物理膨松制品烤制技术关键
（2）烤制物理膨松制品</td><td rowspan="3">（2）造型生物膨松面生坯成型与熟制</td><td>1）生物膨松面生坯成型的影响因素</td><td rowspan="3">（1）方法：讲授法、演示法、案例教学法、实训（练习）法
（2）重点：造型生物膨松面生坯成型与熟制方法
（3）难点：代表面点的掌握</td><td rowspan="3">6</td></tr>
<tr><td>3-3-3　能熟制造型生物膨松制品</td><td>（1）了解造型生物膨松制品熟制技术关键
（2）熟制造型生物膨松制品</td><td>2）熟制造型生物膨松制品的技术关键</td></tr>
<tr><td>3-3-4　能根据不同品种调整烤炉炉温</td><td>（1）了解烤炉底火、面火的作用
（2）调节烤炉底火、面火</td><td>3）面点实例</td></tr>
</table>

续表

<table>
<tr><td colspan="4">2.1.4　三级 / 高级职业技能培训要求</td><td colspan="4">2.2.4　三级 / 高级职业技能培训课程规范</td></tr>
<tr><td>职业功能模块（模块）</td><td>培训内容（课程）</td><td>技能目标</td><td>培训细目</td><td>学习单元</td><td>课程内容</td><td>培训建议</td><td>课堂学时</td></tr>
<tr><td rowspan="4">4. 层酥面品种制作</td><td rowspan="3">4-1　面坯调制</td><td>4-1-1　能根据制品特点调整水油皮面坯配方</td><td>（1）掌握层酥面坯的构成及比例关系
（2）掌握层酥面坯分层起酥的原理</td><td>（1）调整水油皮面坯配方</td><td>1）层酥面坯分层起酥原理
①起酥原理
②起层原理
2）水油面与干油酥的比例关系
①水油面配方的变化
②干油酥配方的变化
③水油皮与干油酥的配比关系</td><td>（1）方法：讲授法
（2）重点：水油面与干油酥的比例关系
（3）难点：掌握层酥面坯分层起酥原理</td><td>4</td></tr>
<tr><td>4-1-2　能根据制品特点调整酵面层酥面坯配方</td><td>（1）调整酵面皮配方
（2）调整油酥配方</td><td>（2）调整酵面层酥面坯配方</td><td>1）调整酵面层酥面皮配方
2）调整油酥配方
3）酵面层酥面皮与油酥的比例关系</td><td>（1）方法：讲授法、演示法
（2）重点：酵面层酥面坯配方的调整
（3）难点：掌握酵面层酥面皮与油酥的比例关系</td><td>2</td></tr>
<tr><td>4-1-3　能调制擘酥面坯</td><td>（1）掌握擘酥面坯的组成及特点
（2）调制擘酥面坯</td><td>（3）调制擘酥面坯</td><td>1）擘酥面坯的组成
①蛋水面
②油酥面
2）擘酥面坯的特点
3）擘酥面坯的调制方法
4）擘酥面坯调制技术关键</td><td>（1）方法：讲授法、演示法、实训（练习）法
（2）重点：擘酥面坯的组成
（3）难点：擘酥面坯调制</td><td>3</td></tr>
<tr><td>4-2　生坯成型</td><td>4-2-1　能用大包酥的方法制作水油皮明酥</td><td>（1）了解水油皮明酥的种类与特点
（2）大包酥制作水油皮明酥</td><td>（1）明酥开酥</td><td>1）水油皮明酥的种类与特点
①圆酥
②直酥
2）大包酥制作明酥
①制作方法
②技术关键
③面点实例</td><td>（1）方法：讲授法、演示法、案例教学法、实训（练习）法
（2）重点：大包酥制作明酥及小包酥制作明酥的方法</td><td>4</td></tr>
</table>

续表

2.1.4 三级 / 高级职业技能培训要求				2.2.4 三级 / 高级职业技能培训课程规范			
职业功能模块（模块）	培训内容（课程）	技能目标	培训细目	学习单元	课程内容	培训建议	课堂学时
4. 层酥面品种制作	4-2 生坯成型	4-2-2 能用小包酥的方法制作水油皮明酥	小包酥制作水油皮明酥	（1）明酥开酥	3）小包酥制作明酥 ①制作方法 ②技术关键 ③面点实例	（3）难点：大包酥制作明酥及小包酥制作明酥技术关键的掌握	
		4-2-3 能用叠酥的方法制作水油皮明酥	水油皮叠酥开酥	（2）明酥叠酥	1）水油皮叠酥工艺方法 ①立酥（排丝酥）法 ②叠酥法 2）擘酥皮叠酥工艺方法 ①油酥包水皮法 ②水皮包油酥法	（1）方法：讲授法、演示法、案例教学法、实训（练习）法 （2）重点：水油皮、擘酥皮叠酥工艺方法 （3）难点：水油皮、擘酥皮叠酥技术关键的掌握	4
		4-2-4 能用叠酥的方法制作擘酥	擘酥皮叠酥		3）叠酥工艺技术关键 4）面点实例		
		4-2-5 能制作明酥类直酥生坯	明酥类直酥生坯成型	（3）明酥成型	1）明酥类直酥生坯成型 ①工艺方法：叠酥法、卷酥法、卷叠酥法 ②技术关键 ③面点实例	（1）方法：讲授法、演示法、案例教学法、实训（练习）法 （2）重点：明酥类直酥和圆酥生坯成型的工艺方法 （3）难点：明酥类直酥和圆酥生坯成型技术关键的掌握	6
		4-2-6 能制作明酥类圆酥生坯	明酥类圆酥生坯成型		2）明酥类圆酥生坯成型 ①工艺方法：卷酥法、卷叠酥法 ②技术关键 ③面点实例		
	4-3 产品成熟	4-3-1 能用烤制法熟制明酥类制品	（1）烤制明酥类制品 （2）控制烤炉温度、生坯方向等	（1）烤制明酥类制品	1）明酥类制品烤制方法 2）明酥类制品烤制技术关键 3）烤制明酥类制品的质量要求 4）面点实例	（1）方法：讲授法、演示法、案例教学法、实训（练习）法 （2）重点：明酥类制品烤制技术关键与质量要求 （3）难点：代表面点的掌握	3

续表

2.1.4 三级 / 高级职业技能培训要求				2.2.4 三级 / 高级职业技能培训课程规范			
职业功能模块（模块）	培训内容（课程）	技能目标	培训细目	学习单元	课程内容	培训建议	课堂学时
4. 层酥面品种制作	4-3 产品成熟	4-3-2 能用炸制法熟制明酥类制品	（1）炸制明酥类制品 （2）控制火候、用油量、油温等	（2）炸制明酥类制品	1）明酥类制品炸制方法 2）明酥类制品炸制技术关键 3）炸制明酥类制品的质量要求 4）面点实例	（1）方法：讲授法、演示法、案例教学法、实训（练习）法 （2）重点：明酥类制品炸制技术关键与质量要求 （3）难点：代表面点的掌握	3
		4-3-3 能用烙制法熟制明酥类制品	（1）烙制明酥类制品 （2）控制烙制温度、刷油量等	（3）烙制明酥类制品	1）明酥类制品烙制方法 2）明酥类制品烙制技术关键 3）烙制明酥类制品的质量要求 4）面点实例	（1）方法：讲授法、演示法、案例教学法、实训（练习）法 （2）重点：明酥类制品烙制技术关键与质量要求 （3）难点：代表面点的掌握	3
5. 米制品制作	5-1 面坯调制	5-1-1 能调制黏质糕粉团	（1）配粉 （2）拌粉 （3）静置	（1）制作黏质糕类制品	1）黏质糕粉团的概念 2）调制黏质糕粉团 3）黏质糕粉团生坯成型 4）熟制黏质糕类制品 5）面点实例	（1）方法：讲授法、演示法、案例教学法、实训（练习）法 （2）重点：调制黏质糕粉团的技术关键 (3) 难点：黏质糕粉团生坯成型技术关键的掌握	3
		5-1-2 能调制松质糕粉团	（1）掺粉 （2）拌粉 （3）静置				
	5-2 生胚成型	5-2-1 能制作黏质糕粉团生胚	（1）蒸制 （2）搅拌 （3）成型				
		5-2-2 能制作松质糕粉团生胚	（1）正确使用模具 （2）松质糕粉团生坯成型	（2）制作松质糕类制品	1）松质糕粉团的概念 2）调制松质糕粉团 3）松质糕粉团生坯成型 4）熟制松质糕类制品 5）面点实例	（1）方法：讲授法、演示法、案例教学法、实训（练习）法 （2）重点：调制松质糕粉团的技术关键 （3）难点：松质糕粉团生坯成型技术关键的掌握	3
	5-3 产品成熟	5-3-1 能熟制黏质糕类制品	（1）熟制黏质糕类制品 （2）掌握黏质糕类制品熟制技术关键				
		5-3-2 能熟制松质糕类制品	（1）熟制松质糕类制品 （2）掌握松质糕类制品熟制技术关键				

续表

2.1.4　三级 / 高级职业技能培训要求			
职业功能模块（模块）	培训内容（课程）	技能目标	培训细目
6. 其他面坯品种制作	6-1　面坯调制	6-1-1　能调制薯类面坯	（1）薯类面坯配料 （2）调制薯类面坯
		6-1-2　能调制澄粉类面坯	（1）澄粉类面坯配料 （2）调制澄粉类面坯
		6-1-3　能调制混酥类面坯	（1）混酥类面坯配料 （2）调制混酥类面坯
		6-1-4　能调制浆皮类面坯	（1）熬制糖浆 （2）浆皮类面坯配料 （3）调制浆皮类面坯
		6-1-5　能调制豆类面坯	（1）豆类面坯配料 （2）调制豆类面坯
		6-1-6　能调制鱼虾蓉面坯	（1）鱼虾蓉面坯配料 （2）调制鱼虾蓉面坯
		6-1-7　能调制羹汤、胶冻	（1）羹汤、胶冻配料 （2）调制羹汤、胶冻

2.2.4　三级 / 高级职业技能培训课程规范			
学习单元	课程内容	培训建议	课堂学时
（1）制作薯类制品	1）薯类的种类、特性 2）调制薯类面坯 3）薯类生坯成型 4）薯类制品熟制 5）面点实例	（1）方法：讲授法、演示法、案例教学法、实训（练习）法 （2）重点：薯类品质的判别和薯类面坯调制方法的选择 （3）难点：薯类生坯成型方法的选择和薯类制品熟制方法的把控	3
（2）制作澄粉类制品	1）澄粉的特性 2）调制澄粉类面坯 3）澄粉类生坯成型 4）澄粉类制品熟制 5）面点实例	（1）方法：讲授法、演示法、案例教学法、实训（练习）法 （2）重点：澄粉类面坯调制方法的选择和澄粉类生坯成型方法的选择 （3）难点：澄粉类制品熟制方法的把控	3
（3）制作混酥类制品	1）调制混酥类面坯 2）混酥类生坯成型 3）混酥类制品熟制 4）面点实例	（1）方法：讲授法、演示法、案例教学法、实训（练习）法 （2）重点：混酥类面坯调制方法的选择和混酥类生坯成型要求 （3）难点：混酥类制品熟制要求和熟制方法	3

续表

2.1.4　三级 / 高级职业技能培训要求

职业功能模块（模块）	培训内容（课程）	技能目标	培训细目
6. 其他面坯品种制作	6-2　生坯成型	6-2-1　能制作薯类生坯	（1）选择成型方法 （2）明确成型要求
		6-2-2　能制作澄粉类生坯	（1）选择成型方法 （2）明确成型要求
		6-2-3　能制作混酥类生坯	（1）选择成型方法 （2）明确成型要求
		6-2-4　能制作浆皮类生坯	（1）选择成型方法 （2）明确成型要求
		6-2-5　能制作豆类生坯	（1）选择成型方法 （2）明确成型要求
		6-2-6　能制作鱼虾蓉生坯	（1）选择成型方法 （2）明确成型要求
		6-2-7　能制作胶冻制品	（1）选择成型方法 （2）明确成型要求
	6-3　产品成熟	6-3-1　能熟制薯类制品	（1）选择熟制方法 （2）明确熟制要求
		6-3-2　能熟制澄粉类制品	（1）选择熟制方法 （2）明确熟制要求

2.2.4　三级 / 高级职业技能培训课程规范

学习单元	课程内容	培训建议	课堂学时
（4）制作浆皮类制品	1）糖浆的种类	（1）方法：讲授法、演示法、案例教学法、实训（练习）法 （2）重点：糖浆熬制方法，浆皮类面坯调制方法的选择和浆皮类生坯成型要求 （3）难点：浆皮类生坯成型方法的选择及浆皮类制品熟制要求和熟制方法的掌握	3
	2）熬制糖浆		
	3）调制浆皮类面坯		
	4）浆皮类生坯成型		
	5）浆皮类制品熟制		
	6）面点实例		
（5）制作豆类制品	1）豆类原料的种类、特性	（1）方法：讲授法、演示法、案例教学法、实训（练习）法 （2）重点：豆类原料品质的判别和豆类面坯调制方法的选择 （3）难点：豆类生坯成型方法的选择和类制品熟制方法的把控	3
	2）调制豆类面坯		
	3）豆类生坯成型		
	4）豆类制品熟制		
	5）面点实例		
（6）制作鱼虾蓉类制品	1）鱼虾类原料的种类、特性	（1）方法：讲授法、演示法、案例教学法、实训（练习）法 （2）重点：鱼虾类原料品质的判别和鱼虾蓉面坯调制方法的选择 （3）难点：鱼虾蓉生坯成型方法的选择和制品熟制方法的把控	3
	2）调制鱼虾蓉面坯		
	3）鱼虾蓉生坯成型		
	4）鱼虾蓉类制品熟制		
	5）面点实例		

续表

2.1.4 三级/高级职业技能培训要求				2.2.4 三级/高级职业技能培训课程规范			
职业功能模块（模块）	培训内容（课程）	技能目标	培训细目	学习单元	课程内容	培训建议	课堂学时
6. 其他面坯品种制作	6-3 产品成熟	6-3-3 能熟制混酥类制品	（1）选择熟制方法 （2）明确熟制要求	（7）制作羹汤制品	1）羹汤原料的种类、特性 2）羹汤制品熟制 3）面点实例	（1）方法：讲授法、演示法、案例教学法、实训（练习）法 （2）重点：羹汤原料品质的判别 （3）难点：羹汤制品熟制方法的把控	2
		6-3-4 能熟制浆皮类制品	（1）选择熟制方法 （2）明确熟制要求				
		6-3-5 能熟制豆类制品	（1）选择熟制方法 （2）明确熟制要求	（8）制作胶冻制品	1）胶冻原料的种类、特性 2）胶冻制品熟制 3）面点实例	（1）方法：讲授法、演示法、案例教学法、实训（练习）法 （2）重点：胶冻原料品质的判别 （3）难点：胶冻制品熟制方法的把控	2
		6-3-6 能熟制鱼虾蓉类制品	（1）选择熟制方法 （2）明确熟制要求				
		6-3-7 能熟制羹汤类制品	（1）选择熟制方法 （2）明确熟制要求				
7. 面点装饰	7-1 成品装盘	7-1-1 能搭配装盘图形	（1）装盘构图 （2）选择装盘方法 （3）明确装盘操作要点	（1）装盘图形设计	1）构图的基本方法 2）装盘的基本方法和操作要点	（1）方法：讲授法、演示法、案例教学法 （2）重点：装盘的基本方法和操作要点 （3）难点：构图的基本方法	2
		7-1-2 能搭配装盘色彩	（1）正确使用着色剂 （2）装盘配色 （3）面点色彩的使用和保护	（2）搭配装盘色彩	1）着色剂 ①食用合成色素 ②食用天然色素 2）面点的色彩 ①食品的天然色泽 ②食品加工中颜色的保护方法 3）装盘色彩搭配 ①色彩的种类 ②色彩三要素 ③色彩的情感要素 ④色彩搭配技巧 4）装盘配色的基本要求	（1）方法：讲授法、演示法、案例教学法 （2）重点：装盘配色的基本要求 （3）难点：色彩搭配技巧的掌握	2

续表

2.1.4　三级 / 高级职业技能培训要求				2.2.4　三级 / 高级职业技能培训课程规范			
职业功能模块（模块）	培训内容（课程）	技能目标	培训细目	学习单元	课程内容	培训建议	课堂学时
7. 面点装饰	7–2　成品装饰	7–2–1　能用沾、撒、搓等方法做盘装饰	（1）用沾的方法做盘装饰 （2）用撒的方法做盘装饰 （3）用搓的方法做盘装饰	成品装饰	1）常用的盘饰方法 ①沾 ②撒 ③搓 ④挤 ⑤捏	（1）方法：讲授法、演示法、案例教学法、实训（练习）法 （2）重点：沾、撒、搓、挤、捏等盘饰方法的操作要点 （3）难点：代表面点的掌握	4
		7–2–2　能用挤、捏等方法做盘装饰	（1）用挤的方法做盘装饰 （2）用捏的方法做盘装饰		2）面点实例		
课堂学时合计							102

附录 5　二级 / 技师职业技能培训要求与课程规范对照表

2.1.5　二级 / 技师职业技能培训要求				2.2.5　二级 / 技师职业技能培训课程规范			
职业功能模块（模块）	培训内容（课程）	技能目标	培训细目	学习单元	课程内容	培训建议	课堂学时
1. 风味面点制作	1–1　原料选择与利用	1–1–1　能根据面点品种特点选择原料	（1）根据面点主坯性质选择主料 （2）根据面点主坯性质选择辅料 （3）根据面点品种特点选择食品添加剂	（1）根据面点品种特点选择原料	1）面坯分类和特点 2）面点主坯性质与主料的关系 3）面点主坯性质与辅料的关系 4）食品添加剂对面坯的影响	（1）方法：讲授法、演示法 （2）重点与难点：面点主坯性质与主料的关系及食品添加剂对面坯的影响	1
		1–1–2　能根据地方特色和季节选择原料	（1）根据地方特色和季节选择面点主坯原料 （2）根据地方特色和季节选择面点辅料	（2）根据地方特色和季节选择原料	1）面点主坯原料的产区和季节分布 2）面点辅料的产区和季节分布	（1）方法：讲授法、演示法 （2）重点与难点：面点主坯原料的产区和季节分布	1

续表

<table>
<tr><th colspan="4">2.1.5 二级 / 技师职业技能培训要求</th><th colspan="4">2.2.5 二级 / 技师职业技能培训课程规范</th></tr>
<tr><th>职业功能模块（模块）</th><th>培训内容（课程）</th><th>技能目标</th><th>培训细目</th><th>学习单元</th><th>课程内容</th><th>培训建议</th><th>课堂学时</th></tr>
<tr><td rowspan="7">1. 风味面点制作</td><td rowspan="3">1-1 原料选择与利用</td><td rowspan="3">1-1-3 能根据原料的特性搭配原料</td><td rowspan="3">（1）设计富钙面点
（2）设计富铁面点
（3）设计富钾面点</td><td rowspan="3">（3）营养面点设计</td><td>1）面点营养设计原则</td><td rowspan="3">（1）方法：讲授法、演示法、案例教学法、实训（练习）法
（2）重点：根据原料的营养特性搭配原料
（3）难点：不同营养面点的设计</td><td rowspan="3">8</td></tr>
<tr><td>2）不同人群的营养需求
①幼儿营养需求
②孕妇营养需求
③乳母营养需求
④老年人营养需求</td></tr>
<tr><td>3）设计不同营养面点
①设计富钙面点
②设计富铁面点
③设计富钾面点</td></tr>
<tr><td rowspan="4">1-2 面点制作</td><td rowspan="4">1-2-1 能制作本地区传统风味面点</td><td rowspan="4">（1）制作北部地区传统风味面点
（2）制作南部地区传统风味面点
（3）制作西部地区传统风味面点
（4）制作东部地区传统风味面点
（5）制作中部地区传统风味面点</td><td rowspan="4">本地区传统风味面点和其他地方特色面点制作</td><td>1）京式面点
①京式面点的地域分布
②京式面点的特点
③京式面点的代表品种及制作工艺</td><td rowspan="4">（1）方法：讲授法、演示法、案例教学法、实训（练习）法
（2）重点：我国各地风味面点的特点
（3）难点：代表面点的掌握</td><td rowspan="4">26</td></tr>
<tr><td>2）苏式面点
①苏式面点的地域分布
②苏式面点的特点
③苏式面点的代表品种及制作工艺</td></tr>
<tr><td>3）广式面点
①广式面点的地域分布
②广式面点的特点
③广式面点的代表品种及制作工艺</td></tr>
<tr><td>4）川式面点
①川式面点的地域分布
②川式面点的特点
③川式面点的代表品种及制作工艺</td></tr>
</table>

续表

2.1.5 二级 / 技师职业技能培训要求				2.2.5 二级 / 技师职业技能培训课程规范			
职业功能模块（模块）	培训内容（课程）	技能目标	培训细目	学习单元	课程内容	培训建议	课堂学时
1. 风味面点制作	1-2 面点制作	1-2-2 能制作其他风味流派的特色名点	（1）制作京式面点 （2）制作苏式面点 （3）制作广式面点 （4）制作川式面点 （5）制作晋式面点 （6）制作秦氏面点	本地区传统风味面点和其他地方特色面点制作	5）晋式面点 ①晋式面点的地域分布 ②晋式面点的特点 ③晋式面点的代表品种及制作工艺 6）秦式面点 ①秦式面点的地域分布 ②秦式面点的特点 ③秦式面点的代表品种及制作工艺	（1）方法：讲授法、演示法、案例教学法、实训（练习）法 （2）重点：我国各地风味面点的特点 （3）难点：代表面点的掌握	
2. 菜单设计与创新	2-1 菜单设计	2-1-1 能根据服务对象的特点及要求选择面点品种	（1）根据服务对象的饮食习惯选择面点品种 （2）根据服务对象的饮食喜好选择面点品种 （3）根据服务对象的菜品预算选择面点品种 （4）根据服务对象的人员构成选择面点品种 （5）根据服务对象的其他要求选择面点品种	（1）客户菜单设计	1）客源种类划分 2）客户需求分析 3）面点品种与客户需求的搭配原则 4）菜单设计原则和基本步骤	（1）方法：讲授法、演示法、实训（练习）法 （2）重点：菜单设计原则 （3）难点：根据客户需求搭配适当的面点品种	2
		2-1-2 能根据宴会主题和规格搭配面点品种	（1）根据宴会主题搭配面点品种 （2）根据宴会规格搭配面点品种	（2）宴会菜单设计	1）宴会主题 ①生日宴 ②婚庆宴 ③节日宴 2）宴会规格 3）宴会菜单结构和作用 4）宴会菜单设计 ①宴会菜单设计原则 ②宴会菜单设计流程 ③宴会菜单设计注意事项 5）宴会菜点搭配品种实例	（1）方法：讲授法、演示法、实训（练习）法 （2）重点：宴会菜单设计原则 （3）难点：根据不同宴会主题和规格选择适当的面点品种	2

续表

<table>
<tr><th colspan="4">2.1.5 二级 / 技师职业技能培训要求</th><th colspan="4">2.2.5 二级 / 技师职业技能培训课程规范</th></tr>
<tr><th>职业功能模块（模块）</th><th>培训内容（课程）</th><th>技能目标</th><th>培训细目</th><th>学习单元</th><th>课程内容</th><th>培训建议</th><th>课堂学时</th></tr>
<tr><td rowspan="9">2. 菜单设计与创新</td><td rowspan="2">2-1 菜单设计</td><td rowspan="2">2-1-3 能根据季节特点选择面点品种</td><td rowspan="2">（1）根据应季原料选择面点品种
（2）根据不同季节人们对面点口味、色彩以及温度的倾向选择面点品种</td><td rowspan="2">（3）季节性菜单设计</td><td>1）季节性菜单设计原则</td><td rowspan="2">（1）方法：讲授法、演示法、实训法
（2）重点：季节性菜单设计原则
（3）难点：季节性面点品种选择</td><td rowspan="2">2</td></tr>
<tr><td>2）选取季节性面点品种</td></tr>
<tr><td rowspan="7">2-2 面点创新</td><td rowspan="4">2-2-1 能结合当地的饮食习惯和原料特性设计制作面点</td><td rowspan="4">（1）掌握地方饮食文化与风俗知识
（2）面点原料创新
（3）面点制作工艺创新
（4）地方风味面点创新</td><td rowspan="4">（1）设计制作地方特色面点</td><td>1）饮食文化与风俗知识</td><td rowspan="4">（1）方法：讲授法、演示法、案例教学法、实训（练习）法
（2）重点：地方风味面点创新
（3）难点：面点制作工艺创新</td><td rowspan="4">4</td></tr>
<tr><td>2）面点原料创新
①坯皮原料
②馅心原料
③调辅原料</td></tr>
<tr><td>3）面点制作工艺创新
①加工工艺创新
②熟制工艺创新
③成型工艺创新</td></tr>
<tr><td>4）地方风味面点创新
①京式面点创新
②晋式面点创新
③秦式面点创新
④川式面点创新
⑤广式面点创新
⑥苏式面点创新</td></tr>
<tr><td rowspan="3">2-2-2 能结合服务对象和宴会主题设计制作面点</td><td rowspan="3">（1）设计制作生日宴会面点
（2）设计制作婚庆宴会面点
（3）设计制作商务宴会面点</td><td rowspan="3">（2）设计制作宴会面点</td><td>1）设计制作生日宴会面点</td><td rowspan="3">（1）方法：讲授法、演示法、案例教学法、实训（练习）法
（2）重点：宴会面点配置要求
（3）难点：不同主题宴会的面点配置</td><td rowspan="3">2</td></tr>
<tr><td>2）设计制作婚庆宴会面点</td></tr>
<tr><td>3）设计制作节日宴会面点</td></tr>
</table>

续表

2.1.5 二级 / 技师职业技能培训要求				2.2.5 二级 / 技师职业技能培训课程规范			
职业功能模块（模块）	培训内容（课程）	技能目标	培训细目	学习单元	课程内容	培训建议	课堂学时
3. 面点装饰	3–1 点心装饰	3–1–1 能运用面点成型技法装饰美化制品	（1）明确面点装饰造型设计和色彩设计基本法则 （2）运用点心装饰的基本技法装饰美化制品	（1）面点装饰美化方法	1）面点造型常见影响因素 ①色彩影响因素 ②塑型影响因素 ③其他影响因素 2）面点装饰设计要求 ①装饰造型设计基本法则 ②装饰色彩设计基本法则	（1）方法：讲授法、讨论法 （2）重点：点心装饰的基本技法和装饰设计要求 （3）难点：审美与点心装饰基本技法的应用	3
		3–1–2 能应用装饰原料和方法装饰美化制品	（1）常见盘饰装饰原料和方法 （2）面点造型常见影响因素 （3）面点造型示例		3）点心装饰的基本技法 ①点绘法 ②线描法 ③平涂法 ④晕染法 ⑤镶嵌法 ⑥盖印法 ⑦拼摆法 4）常见盘饰装饰原料和方法 ①果蔬盘饰 ②果酱画盘饰 ③花草类盘饰 5）装饰美化制品示例		
		3–1–3 能依据服务对象和宴会主题要求装饰美化制品	（1）依据服务对象装饰美化制品 （2）依据宴会主题要求装饰美化制品	（2）装饰美化面点	1）依据服务对象装饰美化制品 ①不同服务对象的点心装饰原则与要求 ②装饰美化制品的注意事项 2）依据宴会主题要求装饰美化制品 ①不同宴会主题的点心装饰原则与要求 ②装饰美化制品的注意事项 3）装饰美化制品示例	（1）方法：讲授法、讨论法 （2）重点：装饰美化制品的原则与要求 （3）难点：宴会主题要素的提炼与其在面点装饰中的结合应用	1

续表

2.1.5 二级 / 技师职业技能培训要求				2.2.5 二级 / 技师职业技能培训课程规范			
职业功能模块（模块）	培训内容（课程）	技能目标	培训细目	学习单元	课程内容	培训建议	课堂学时
3. 面点装饰	3-2 装盘与装饰	3-2-1 能依据宴席主题设计装盘造型	（1）设计生日宴会装盘造型 （2）设计婚庆宴会装盘造型 （3）设计节日宴会装盘造型 （4）设计其他宴会装盘造型	（1）装盘造型设计	1）装盘造型设计的一般原则 ①食品造型的构思与布局 ②食品造型布局的一般要求 ③食品造型的法则 2）设计生日宴会装盘造型 3）设计婚庆宴会装盘造型 4）设计节日宴会装盘造型 5）设计其他宴会装盘造型	（1）方法：讲授法、演示法、实训（练习）法 （2）重点：食品造型的构思与布局、造型的要求 （3）难点：不同宴席主题的造型装盘设计	1
		3-2-2 能利用各类原料制作盘饰及立体装饰物	（1）利用面粉制作装饰物 （2）利用巧克力制作装饰物	（2）面塑工艺训练	1）面塑的概念 2）面塑工具 3）面塑工艺要领 4）面塑工艺实例	（1）方法：讲授法、演示法、案例教学法、实训（练习）法 （2）重点：调制面塑面坯 （3）难点：面塑工艺要领的掌握	4
				（3）编织工艺训练	1）编织的概念 2）编织工具 3）编织工艺要领 4）编织工艺实例	（1）方法：讲授法、演示法、案例教学法、实训（练习）法 （2）重点：编织工艺 （3）难点：编织工艺要领的掌握	4
				（4）巧克力工艺训练	1）巧克力塑型的概念 2）巧克力塑型工具 3）巧克力塑型工艺要领 4）巧克力塑型工艺实例	（1）方法：讲授法、演示法、案例教学法、实训（练习）法 （2）重点：巧克力调温工艺 （3）难点：巧克力塑型工艺要领的掌握	4

续表

2.1.5 二级 / 技师职业技能培训要求				2.2.5 二级 / 技师职业技能培训课程规范			
职业功能模块（模块）	培训内容（课程）	技能目标	培训细目	学习单元	课程内容	培训建议	课堂学时
3. 面点装饰	3-2 装盘与装饰	3-2-2 能利用各类原料制作盘饰及立体装饰物	（3）利用糖制作装饰物	（5）糖塑工艺训练	1）糖塑的概念 2）糖塑工具 3）糖塑工艺要领 4）糖塑工艺实例	（1）方法：讲授法、演示法、案例教学法、实训（练习）法 （2）重点与难点：糖塑的概念与工艺要领的掌握	5
4. 厨房管理	4-1 成本管理	4-1-1 能提出厨房产品成本控制的措施	（1）明确厨房产品成本构成要素 （2）厨房生产流程中的成本控制 （3）厨房人员成本控制 （4）厨房餐前餐后成本控制	（1）厨房成本控制	1）厨房产品成本构成要素 2）厨房生产流程中的成本控制 3）厨房人员成本控制 4）厨房餐前餐后成本控制	（1）方法：讲授法、演示法、实训（练习）法 （2）重点与难点：厨房成本构成要素	1
		4-1-2 能填写厨房成本核算报表	（1）填写成本核算报表 （2）填写销售价格核算报表 （3）填写毛利率核算报表	（2）厨房成本计算与报表填写	1）菜品价格特点 2）菜品价格制定原则与方法 3）菜品定价程序 4）成本计算 ①成本核算及报表填写 ②销售价格核算及报表填写 ③毛利率核算及报表填写	（1）方法：讲授法、演示法、实训（练习）法 （2）重点：厨房成本核算与成本核算报表填写 （3）难点：厨房成本计算方法的掌握	1
		4-1-3 能编制控制成本的方案	编制成本控制方案	（3）编制厨房成本控制方案	1）厨房成本控制方案的构成 2）厨房成本控制方案的编制要求 3）厨房成本控制方案编制案例分析	（1）方法：讲授法、演示法、案例教学法 （2）重点与难点：厨房成本控制方法	2

续表

2.1.5 二级 / 技师职业技能培训要求				2.2.5 二级 / 技师职业技能培训课程规范			
职业功能模块（模块）	培训内容（课程）	技能目标	培训细目	学习单元	课程内容	培训建议	课堂学时
4. 厨房管理	4-2 厨房生产管理	4-2-1 能对厨房生产各阶段的运转制定管理细则	(1) 厨房生产各阶段的管理 (2) 责任控制管理	(1) 厨房生产管理	1) 厨房生产各阶段的管理 ①原料申领、保存管理 ②加工过程管理 ③配菜过程管理 ④烹调过程管理 2) 责任控制管理 ①成品监管 ②工作程序与标准监控	(1) 方法：讲授法、演示法、实训（练习）法 (2) 重点与难点：厨房各阶段生产控制	2
		4-2-2 能制定出标准食谱	编制标准食谱	(2) 编制标准食谱	1) 标准食谱的样式 2) 标准食谱的编制要求 3) 标准食谱编制实例分析	(1) 方法：讲授法、演示法、实训（练习）法 (2) 重点与难点：编制标准食谱的基本要求	2
		4-2-3 能根据厨房生产各阶段的要求控制厨房出品秩序	(1) 厨房生产计划控制 (2) 厨房生产程序控制 (3) 厨房生产关键点控制	(3) 厨房产品控制	1) 厨房生产计划控制 ①生产预测数据的获取与整理 ②生产预测方法 2) 厨房生产程序控制 ①生产程序控制 ②生产卡控制 ③作业流程控制 3) 厨房生产关键点控制（HACCP）	(1) 方法：讲授法、演示法、实训（练习）法 (2) 重点：厨房生产计划和生产关键点控制 (3) 难点：厨房生产关键点控制	2
5. 培训与指导	5-1 培训	5-1-1 能制订培训计划	(1) 明确培训目标 (2) 制定培训内容及要求 (3) 合理分配培训课时 (4) 制定培训考核方案	(1) 制订培训计划	1) 培训计划的格式 ①培训目标 ②培训内容 ③培训学时 ④培训考核方案 2) 培训计划实例分析	(1) 方法：讲授法、案例教学法 (2) 重点：培训计划制订流程 (3) 难点：如何确保培训计划的有效性和可行性	2

续表

2.1.5 二级 / 技师职业技能培训要求				2.2.5 二级 / 技师职业技能培训课程规范			
职业功能模块(模块)	培训内容(课程)	技能目标	培训细目	学习单元	课程内容	培训建议	课堂学时
5. 培训与指导	5-1 培训	5-1-2 能讲授专业基础知识和技能要求	(1)逻辑表达训练 (2)模拟培训试讲	(2)模拟培训	1)专业基础知识分享 2)逻辑表达能力训练 3)专业知识试讲	(1)方法:讲授法、讨论法、情景模拟法 (2)重点:逻辑表达能力训练 (3)难点:情景模拟训练	2
		5-1-3 能撰写面点工艺方面的论文	(1)收集资料 (2)撰写论文	(3)撰写专业论文	(1)文献检索方式 (2)论文撰写要点 (3)最新面点工艺论文分享	(1)方法:讲授法、演示法、讨论法、案例教学法 (2)重点:文献检索方式及论文撰写要点 (3)难点:论文撰写要点的掌握	2
	5-2 指导	5-2-1 能指导五级/初级中式面点师工作	(1)编制工作指导方案 (2)开展指导工作	工作指导	1)编制初级中式面点师工作指导方案 ①工作重点分析 ②工作难点分析 ③指导方案示例	(1)方法:讲授法、讨论法、情景模拟法 (2)重点:工作重点、难点分析 (3)难点:模拟指导工作	6
		5-2-2 能指导四级/中级中式面点师工作	(1)编制工作指导方案 (2)开展指导工作		2)编制中级中式面点师工作指导方案 ①工作重点分析 ②工作难点分析 ③指导方案示例		
		5-2-3 能指导三级/高级中式面点师工作	(1)编制工作指导方案 (2)开展指导工作		3)编制高级中式面点师工作指导方案 ①工作重点分析 ②工作难点分析 ③指导方案示例 4)工作指导注意事项		
课堂学时合计							92

附录 6　一级 / 高级技师职业技能培训要求与课程规范对照表

<table>
<tr><th colspan="4">2.1.6　一级 / 高级技师职业技能培训要求</th><th colspan="4">2.2.6　一级 / 高级技师职业技能培训课程规范</th></tr>
<tr><th>职业功能模块（模块）</th><th>培训内容（课程）</th><th>技能目标</th><th>培训细目</th><th>学习单元</th><th>课程内容</th><th>培训建议</th><th>课堂学时</th></tr>
<tr><td rowspan="4">1. 菜点生产</td><td rowspan="2">1-1　面点创新</td><td>1-1-1　能结合本地区的实际情况，运用新原料设计制作创新产品</td><td>（1）菜点创新知识
（2）新食品原料的使用
（3）原料之间的搭配</td><td rowspan="2">面点创新</td><td rowspan="2">1）面点创新知识
2）新原料、新技法、新设备的使用及搭配创新
3）面点创新设计与制作实践</td><td rowspan="2">（1）方法：讲授法、演示法、实训（练习）法
（2）重点：面点创新依据
（3）难点：影响面点创新的因素</td><td rowspan="2">16</td></tr>
<tr><td>1-1-2　能结合本地区的实际情况，运用新技法设计制作创新产品</td><td>（1）食物成分在加工中的变化
（2）新烹饪设备的使用</td></tr>
<tr><td rowspan="2">1－2　热菜制作</td><td>1-2-1　能用煎、炒、炸等方法制作本地基础菜肴</td><td>（1）煎制本地基础菜肴
（2）炒制本地基础菜肴
（3）炸制本地基础菜肴</td><td rowspan="2">热菜制作</td><td rowspan="2">1）常用中式烹调方法的特点及操作技巧
①煎
②炒
③炸
④煮
⑤蒸
⑥氽
2）菜肴制作实例</td><td rowspan="2">（1）方法：讲授法、演示法、实训（练习）法
（2）重点：中式烹调方法
（3）难点：中餐菜肴制作</td><td rowspan="2">8</td></tr>
<tr><td>1-2-2　能用煮、蒸、氽等方法制作本地特色菜肴</td><td>（1）煮制本地特色菜肴
（2）蒸制本地特色菜肴
（3）氽制本地特色菜肴</td></tr>
<tr><td>2. 展台设计</td><td>2-1　主题设计</td><td>2-1-1　能依据主题要求设计展台中的面点作品</td><td>（1）分析主题展台面点要求
（2）主题展台面点作品案例分析</td><td>（1）设计面点作品</td><td>1）展台主题类型
2）主题展台面点作品案例展示</td><td>（1）方法：讲授法、演示法、讨论法、案例分析法
（2）重点：展台主题及面点作品搭配
（3）难点：如何搭配得当</td><td>6</td></tr>
</table>

续表

2.1.6 一级/高级技师职业技能培训要求				2.2.6 一级/高级技师职业技能培训课程规范			
职业功能模块（模块）	培训内容（课程）	技能目标	培训细目	学习单元	课程内容	培训建议	课堂学时
2. 展台设计	2-1 主题设计	2-1-2 能依据展台要求设计面点品种	（1）依据展台形状、大小等设计面点品种 （2）面点品种造型布局 （3）面点品种色彩搭配	（2）设计面点品种	1）面点种类与展台的关系 2）面点品种造型布局要求 3）面点品种色彩搭配要求 4）展台面点品种设计案例分析	（1）方法：讲授法、案例教学法 （2）重点：展台类型及面点类型搭配 （3）难点：如何搭配得当	6
	2-2 展台布置	2-2-1 能制作立体装饰物	（1）明确立体装饰物分类 （2）立体装饰物制作训练	（1）制作装饰物	1）演示各式立体装饰物 2）立体装饰物制作实训 3）成功案例分享 4）失败案例分享	（1）方法：讲授法、案例教学法、讨论法 （2）重点：制作立体装饰物 （3）难点：如何制作出精美并符合主题要求的立体装饰物	6
		2-2-2 能对主题展台进行装饰	（1）大赛类展台装饰设计 （2）营销类展台装饰设计	（2）装饰展台	1）主题颜色搭配 2）主题形状搭配 3）成功与失败案例分享 4）模拟展台装饰训练	（1）方法：讲授法、案例分析法、实训（练习）法 （2）重点：餐饮美学基础 （3）难点：如何对展台进行有效美化装饰	6
3. 厨房管理	3-1 厨房布局设计	3-1-1 能指出影响厨房布局的因素	（1）分析影响厨房整体布局的因素 （2）分析影响厨房工位布局的因素	厨房布局设计	1）影响厨房布局的因素 2）设计厨房布局 ①厨房整体布局 ②厨房各生产区域布局 3）厨房设施设备选用原则 ①安全性原则 ②实用性原则 ③经济性原则 ④前瞻性原则 4）厨房布局示例	（1）方法：讲授法、演示法、案例教学法 （2）重点：厨房布局方法 （3）难点：厨房布局设计	4
		3-1-2 能合理设计面点厨房的布局	（1）面点厨房整体设计 （2）面点厨房工位设计				
		3-1-3 能精确选择面点设施设备	（1）分析选择厨房面点设施设备要考虑的因素 （2）精确选择面点设施设备				

续表

<table>
<tr><th colspan="4">2.1.6　一级 / 高级技师职业技能培训要求</th><th colspan="4">2.2.6　一级 / 高级技师职业技能培训课程规范</th></tr>
<tr><th>职业功能模块（模块）</th><th>培训内容（课程）</th><th>技能目标</th><th>培训细目</th><th>学习单元</th><th>课程内容</th><th>培训建议</th><th>课堂学时</th></tr>
<tr><td rowspan="10">3. 厨房管理</td><td rowspan="8">3-2　人员组织</td><td rowspan="3">3-2-1　能合理配备厨房各岗位人员</td><td rowspan="3">（1）设置厨房组织结构
（2）调配厨房各岗位人员</td><td rowspan="3">（1）厨房各岗位人员配备</td><td>1）厨房人员组织结构设置要求
①大型厨房人员组织结构设置要求
②中型厨房人员组织结构设置要求
③小型厨房人员组织结构设置要求</td><td rowspan="3">（1）方法：讲授法、演示法、案例教学法
（2）重点：厨房人员组织结构
（3）难点：厨房各岗位人员配备及管理</td><td rowspan="3">2</td></tr>
<tr><td>2）影响厨房人员配备因素</td></tr>
<tr><td>3）厨房各岗位人员配备</td></tr>
<tr><td rowspan="5">3-2-2　能制定各岗位职责及管理办法</td><td rowspan="5">（1）制定加工岗位职责及管理办法
（2）制定冷菜岗位职责及管理办法
（3）制定热菜岗位职责及管理办法
（4）制定面点岗位职责及管理办法
（5）制定切配岗位职责及管理办法</td><td rowspan="5">（2）制定厨房各岗位职责及管理办法</td><td>1）制定加工岗位职责及管理办法</td><td rowspan="5">（1）方法：讲授法、演示法、实训（练习）法
（2）重点：厨房岗位职责
（3）难点：制定厨房各岗位管理办法</td><td rowspan="5">2</td></tr>
<tr><td>2）制定冷菜岗位职责及管理办法</td></tr>
<tr><td>3）制定热菜岗位职责及管理办法</td></tr>
<tr><td>4）制定面点岗位职责及管理办法</td></tr>
<tr><td>5）制定切配岗位职责及管理办法</td></tr>
<tr><td rowspan="2">3-3　产品质量管理</td><td rowspan="2">3-3-1　能制定产品质量评价标准并执行解决质量问题的方案</td><td rowspan="2">（1）分析影响产品质量的因素
（2）制定产品质量评价标准
（3）拟定并执行产品质量问题解决方案
（4）制定产品质量管理办法</td><td rowspan="2">产品质量管理</td><td>1）分析影响产品质量的因素</td><td rowspan="2">（1）方法：讲授法、讨论法、案例教学法
（2）重点：产品质量管理的规范化</td><td rowspan="2">4</td></tr>
<tr><td>2）制定产品质量评价标准</td></tr>
</table>

续表

2.1.6 一级 / 高级技师职业技能培训要求				2.2.6 一级 / 高级技师职业技能培训课程规范			
职业功能模块（模块）	培训内容（课程）	技能目标	培训细目	学习单元	课程内容	培训建议	课堂学时
3. 厨房管理	3-3 产品质量管理	3-3-2 能对产品质量进行针对性控制	（1）加工岗位质量控制 （2）冷菜岗位质量控制 （3）热菜岗位质量控制 （4）面点岗位质量控制 （5）切配岗位质量控制	产品质量管理	3）拟定并执行产品质量问题解决方案 4）制定产品质量管理办法	（3）难点：产品质量管理制度的可实施性	
课堂学时合计							60